TRAITÉ PRATIQUE
DE LA
MESURE
DES LIGNES, DES SURFACES & DES VOLUMES.

Ouvrage renfermant en deux parties 60 Problèmes d'application résolus, 400 Problèmes à résoudre et à part les solutions raisonnées de ces 400 Problèmes, destiné aux **Écoles primaires** et aux **Classes d'Adultes**,

Par P.-S. MOUQUET, Instituteur.

PREMIÈRE PARTIE

Contenant 30 Problèmes d'application résolus et 300 Problèmes à résoudre.

ROUEN
HERPIN, LIBRAIRE DU LYCÉE
RUE DE L'HÔTEL-DE-VILLE, 20.

TRAITÉ PRATIQUE

DE LA

MESURE

DES LIGNES,

DES SURFACES & DES VOLUMES.

TRAITÉ PRATIQUE

DE LA

MESURE

DES LIGNES,
DES SURFACES & DES VOLUMES.

Ouvrage renfermant en deux parties 60 Problèmes d'application résolus, 400 Problèmes à résoudre et à part les solutions raisonnées de ces 400 Problèmes, destiné aux **Écoles primaires** et aux **Classes d'Adultes**,

Par P.-S. MOUQUET, Instituteur.

PREMIÈRE PARTIE

Contenant 30 Problèmes d'application résolus et 300 Problèmes à résoudre.

ROUEN

HERPIN, LIBRAIRE DU LYCÉE

RUE DE L'HÔTEL-DE-VILLE, 20.

AVERTISSEMENT.

Ce n'est point aux élèves des colléges ou des pensionnats supérieurs, qui suivent un cours spécial de géométrie, que ce livre est destiné. Il doit rencontrer ses lecteurs parmi les classes laborieuses, où l'étude des connaissances pratiques est essentiellement nécessaire : l'habitant des campagnes y apprendra à mesurer la surface des champs, des bois ; le plâtrier, le maçon, le tailleur de pierres, le charpentier, le menuisier y trouveront les notions indispensables concernant la mesure des lignes, des surfaces et des volumes.

C'est donc aux cultivateurs, aux ouvriers et à leurs enfants qu'il est dédié.

En livrant au public cette deuxième édition revue et considérablement augmentée, l'auteur n'a point eu l'ambition de présenter une œuvre à l'abri de toute critique ; il sera toujours heureux, au contraire, de recevoir les conseils qu'on voudra bien lui donner.

Une expérience de trente-cinq années, les observations qu'il a faites pendant un si long exercice, ses études sur les besoins de ses élèves, lui ont fait reconnaître qu'au nombre des connaissances primaires les plus importantes, il faut compter les notions de géométrie pratique.

Il n'a pas la prétention de faire l'éloge de son livre; il sait que les ouvrages sur la matière qu'il a traitée ne manquent pas; mais il sait aussi que ces ouvrages ne sont pas assez pratiques pour être mis dans les mains des ouvriers, et que ceux-ci ne peuvent, sans un travail opiniâtre, sans beaucoup de discernement, en un mot, sans études sérieuses, y puiser ce dont ils ont besoin dans la vie. Ce qu'il a donc cherché à atteindre, c'est la concision, en même temps que la clarté des principes : il a voulu se mettre à la portée des intelligences les plus communes ; il a écarté avec soin toute espèce de théorie, sans négliger néanmoins de s'adresser au jugement de ses lecteurs ; partout, par un grand nombre de problèmes d'une application usuelle, il s'est efforcé d'amener l'esprit des élèves à retenir invariablement les règles établies qui, par elles-mêmes, ne laisseraient qu'une légère trace.

Dans cette édition, il a indiqué les formules

au moyen desquelles toutes les questions de géométrie qu'il donne peuvent être résolues. La connaissance de ces formules n'est pas indispensable, mais il est bon, ce lui semble, que les élèves s'attachent à les retenir : la réunion de quelques lettres se grave plus aisément dans la mémoire qu'une règle écrite en quatre ou cinq lignes; c'est pourquoi il a réuni toutes ces formules en un chapitre qu'il appelle *Memento*. Le grand avantage qui en résultera pour l'élève, c'est qu'à force de chercher la formule qui lui est nécessaire, il les saura bientôt toutes.

L'auteur a divisé cet ouvrage en deux parties : la première, destinée aux élèves, contient les définitions, les formules et les problèmes; la deuxième, destinée plus particulièrement aux maîtres, renferme, outre les solutions des problèmes de la première partie, un appendice sur la mesure des lignes, des surfaces et des volumes, quelques notions qu'il est utile de posséder pour l'arpentage, et un grand nombre de problèmes relatifs surtout à cette science.

Si le maître trouve à propos de livrer cette deuxième partie aux mains de ses élèves, l'impression en a été faite de manière qu'il puisse facilement en détacher le cahier de solutions qui forme un livret à part.

Enfin, pour que cet ouvrage puisse profiter à tous les élèves, même à ceux qui seraient peu avancés, ou qui n'auraient pas le temps de l'étudier en entier, des astérisques ont été placés au commencement des problèmes d'un usage moins pratique, qu'ils pourraient être dispensés de résoudre.

Explication des abréviations et des signes dont on fait usage dans cet ouvrage.

m.	mètre.
Décam	décamètre.
Hectom	hectomètre.
Kilom	kilomètre.
Myriam.	myriamètre.
Déc.	décimètre.
Cent.	centimètre.
Millim	millimètre.
Fig	figure.
P.	problème.
Diam.	diamètre.
Circonf.	circonférence.
Car	carré.
S.	surface.
V.	volume.
S. base.	surface de la base.
=	égal à
+	plus.
—	moins.
×	multiplié par.

Un trait horizontal séparant deux quantités indique que celle qui est au-dessus du trait doit être divisée par celle qui est au-dessous : ainsi, $\frac{28}{7}$ signifie qu'il faut diviser 28 par 7.

$\sqrt{}$ indique que l'on doit extraire la racine carrée du nombre devant lequel ce signe est placé ; ainsi, $\sqrt{144}$ signifie qu'il faut extraire la racine carrée de 144.

$\sqrt[3]{}$ indique qu'il faut extraire la racine cubique du nombre devant lequel ce signe est placé ; ainsi,

$\sqrt[3]{343}$ signifie qu'il faut extraire la racine cubique de 343.

Un chiffre placé devant une lettre se nomme coefficient : il indique que le nombre qui le suit doit être multiplié par ce chiffre ; ainsi, 8 *a* signifie que la valeur représentée par *a* doit être multipliée par 8.

Un chiffre placé à droite et un peu au-dessus d'un nombre se nomme exposant ; il indique que le nombre doit être multiplié par lui-même, si l'exposant est 2, qu'il doit être multiplié deux fois par lui-même, si l'exposant est 3, etc. : ainsi, l'exposant indique combien de fois la quantité qui le suit doit être prise comme facteur ; exemple, $8^3 = 8 \times 8 \times 8$, ce qui donne 512.

Lorsque plusieurs lettres se suivent sans interruption et sans signe, il faut multiplier les valeurs qu'elles représentent l'une par l'autre.

Lorsque plusieurs lettres sont placées entre deux parenthèses, il faut faire à part les opérations qui y sont indiquées.

Lorsque deux parenthèses se suivent sans signe, le résultat de l'une doit être multiplié par celui de l'autre.

TRAITÉ PRATIQUE

DE LA

MESURE

DES LIGNES,

DES SURFACES ET DES VOLUMES.

LEÇON Ire.

Notions préliminaires.

1. La géométrie est une science qui a pour objet la mesure de l'étendue.

2. On appelle étendue d'un corps, l'espace fini qu'il occupe dans l'espace indéfini qui l'entoure.

3. Mesurer une étendue, c'est déterminer combien de fois elle contient une autre étendue prise pour terme de comparaison.

4. On distingue trois sortes d'étendues : 1° l'étendue en longueur qu'on appelle ligne, 2° l'étendue en longueur et largeur qu'on appelle surface, et 3° l'étendue en longueur, largeur et hauteur qu'on appelle volume.

LEÇON II.

Sur l'étendue en longueur.

5. On appelle ligne, l'étendue dans laquelle on ne considère que la longueur ; ainsi, mesurer

la longueur, ou la largeur, ou la hauteur d'un appartement, c'est mesurer une ligne.

6. La ligne droite est le chemin le plus court d'un point à un autre : A B, fig. 1.

7. On appelle ligne brisée celle qui est formée de plusieurs lignes droites : A B C D E F, fig. 2.

8. La ligne courbe est celle qui n'est ni droite, ni formée de lignes droites : A B, fig. 3.

9. La ligne horizontale est celle qui suit le niveau d'une nappe d'eau tranquille.

10. La ligne verticale est celle qui suit la direction du fil à plomb.

11. On dit qu'une ligne est parallèle à une autre, lorsqu'elle est partout également éloignée de cette autre ; ainsi, deux lignes parallèles ne peuvent jamais se rencontrer à quelque distance qu'on les prolonge : fig. 4 et 4 bis, A B et C D.

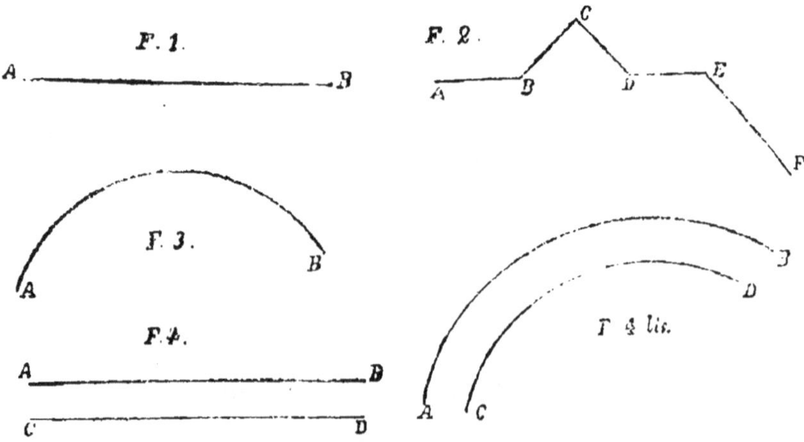

12. On appelle perpendiculaire une ligne droite

qui, tombant sur une autre, ne penche vers aucun côté de cette autre ligne : les lignes A B, C D, fig. 5 sont perpendiculaires l'une à l'autre.

13. On appelle oblique une ligne droite qui, tombant sur une autre, s'incline vers un côté de cette autre ligne : A B, fig. 6.

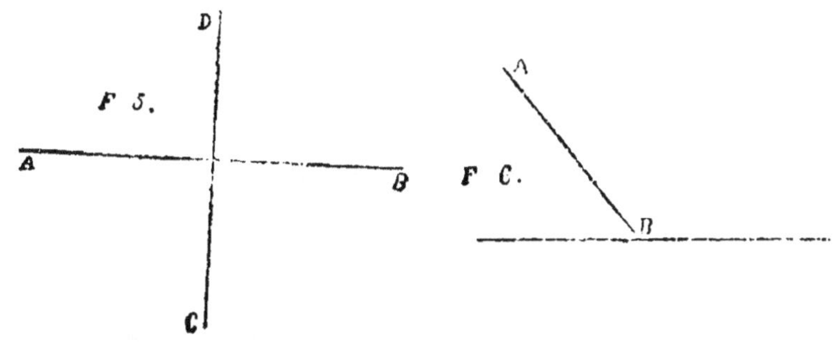

Questionnaire sur la 1re et la 2e leçon.

1. *Qu'est-ce que la géométrie?* — 2. *Qu'appelle-t-on étendue?* — 3. *Qu'est-ce que mesurer une étendue?* — 4. *Combien distingue-t-on de sortes d'étendues?* — 5. *Qu'est-ce qu'une ligne?* — 6. *La ligne droite?* — 7. *La ligne brisée?* — 8 *La ligne courbe?* — 9. *La ligne horizontale?* — 10. *La ligne verticale?* — 11. *La ligne parallèle?* — 12. *La ligne perpendiculaire?* — 13. *La ligne oblique.*

LEÇON III.

Sur la circonférence, le diamètre et le rayon du cercle.

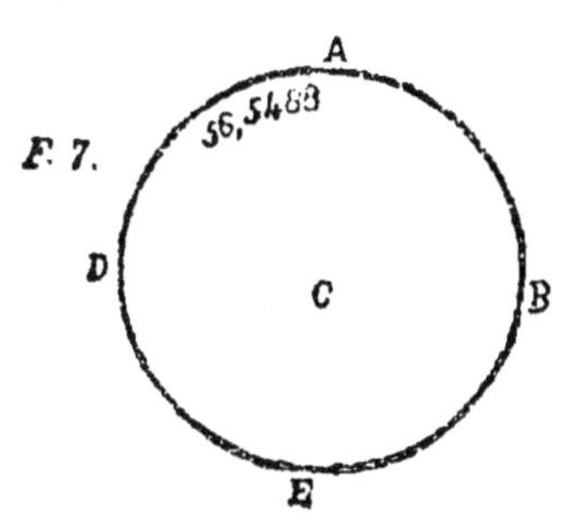

14. On appelle circonférence une ligne courbe A B E D, fig. 7, dont tous les points sont également distants d'un point C appelé centre.

15. Il ne faut pas con-

fondre circonférence avec cercle : la circonférence n'est qu'une ligne, et le cercle est l'espace renfermé dans cette ligne.

16 Toute circonférence, grande ou petite, se divise en 360 parties appelées degrés, le degré se divise en 60 minutes et la minute en 60 secondes. (1).

17. Dans le cercle, on distingue différentes lignes dont les principales sont : le diamètre et le rayon.

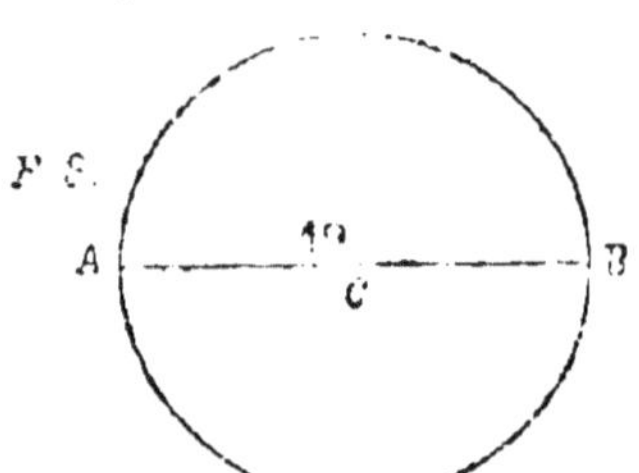

18. Le diamètre est une ligne droite, A B qui, passant par le centre C, se termine des deux bouts à la circonférence ; fig. 8.

19. On a trouvé qu'un cercle qui avait 1 pour diamètre, avait très approximativement 3,1415926 pour circonférence, on a même poussé la fraction décimale jusqu'à 155 chiffres (2) ; mais dans la pratique, on peut se contenter de 3,1416 en négligeant les autres décimales ; ainsi, pour obtenir la circonférence d'un cercle dont on connaît le diamètre, on multiplie ce diamètre par 3,1416.

20. Par le même raisonnement, lorsqu'on cherche le diamètre d'un cercle dont on connaît la circonférence; il faut diviser cette circonférence par 3,1416.

(1) L'expression degré se marque par °, minute par ', seconde par " ; ainsi 37 degrés 5 minutes 43 secondes s'écrivent 37° 5 ' 43 ".

(2) Dans un manuscrit de la bibliothèque Ratclif à Oxford.

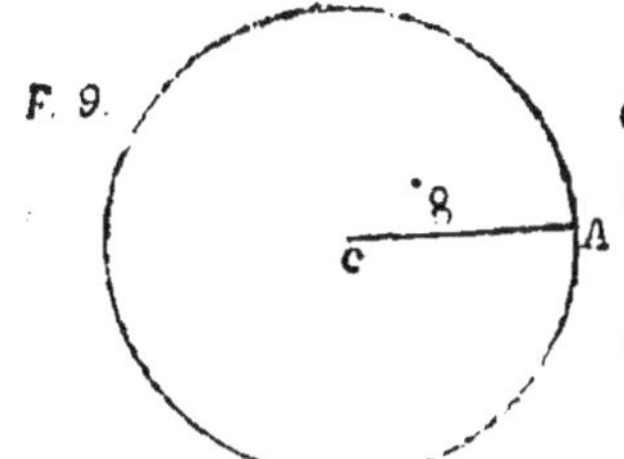

21. Le rayon est une droite qui va du centre à la circonférence A C, fig. 9.

Le rayon est donc la moitié du diamètre.

22. Si l'on demande le rayon d'un cercle dont on connaît la circonférence; il faut diviser celle-ci par 3,1416 et prendre la moitié.

23. Le nombre 3,1416 qui exprime le rapport de la circonférence au diamètre se désigne ordinairement par la lettre grecque π qui s'appelle *pi*.

24. Nommant R le rayon, D le diamètre et C la circonférence ; on aura pour formules :

$$1^{o}\ C = 2\,\pi\,R\ ;\quad 2^{o}\ D = \frac{C}{\pi}\ ;\quad 3^{o}\ R = \frac{C}{2\,\pi}$$

1re APPLICATION : *Quelle est la circonférence d'un cercle ayant* 5 *mèt. de rayon ?*

On trouve : $2\,\pi\,R = 5 \times 2 \times 3{,}1416 = 31^{m}416$, ou en intervertissant l'ordre des facteurs, comme l'indique la formule, on a $2 \times 3{,}1416 \times 5 = 31^{m}416$.

2e APPLICATION : *Quel est le diamètre d'un cercle ayant* 31 *mèt* 416 *pour circonf, ?*

$$\text{On trouve : } \frac{C}{\pi} = \frac{31^{m}416}{3{,}1416} = 10^{m}$$

3e APPLICATION : *Quel est le rayon d'un cercle ayant* 31 *mèt.* 416 *de circonf. ?*

$$\text{On trouve : } \frac{C}{2\,\pi} = \frac{31^{m}416}{2 \times 3{,}1416} = 5^{m}$$

LEÇON IV.

Sur les angles.

25. On appelle angle l'espace laissé entre deux lignes qui se rencontrent: A C B. fig.10. Le point de rencontre C s'appelle sommet.

26. On distingue trois sortes d'angles par rapport à leur grandeur : l'angle droit, l'angle obtus, et l'angle aigu.

Il faut bien remarquer que la grandeur d'un angle ne dépend pas de la longueur de ses côtés, mais de leur ouverture.

L'angle droit est formé par deux lignes perpendiculaires l'une à l'autre ; si l'on place le sommet d'un angle droit au centre d'un cercle, cet angle embrassera le quart de la circonférence ou 90 degrés : A C B, fig. 11.

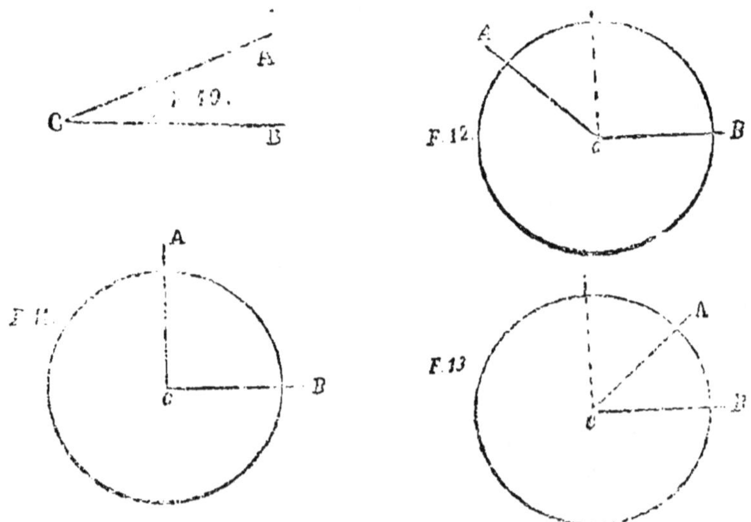

28. L'angle obtus est celui qui est plus grand

(plus ouvert) que l'angle droit. Il embrasse par conséquent plus que le quart de la circonférence et à plus de 90 degrés A C B, fig. 12.

29. L'angle aigu est celui qui est plus petit (moins ouvert) que l'angle droit ; il a donc moins de 90 degrés A C B, fig. 13.

LEÇON V.

Sur les mesures linéaires.

30. La mesure prescrite à laquelle on compare la longueur des lignes s'appelle mètre linéaire ou simplement mètre.

31. Cette mesure égale la dix-millionième partie du quart du méridien de la terre. On entend par méridien terrestre une ligne qui fait le tour de la terre en passant par les pôles.

32. Les multiples du mètre sont :

1° Le décamètre qui signifie 10 mètres ;
2° L'hectomètre » 100 »
3° Le kilomètre » 1000 »
4° Le myriamètre » 10000 »

33. Les sous-multiples du mètre sont :

1° Le décimètre qui signifie un dixième du mètre : $0^{m}1$;

2° Le centimètre qui signifie un centième du mètre : $0^{m},01$;

3° Le millimètre qui signifie un millième du mètre : $0^{m},001$.

Les mesures effectives de longueur sont :

1° Le double décamètre qui égale 20 mètres ;

2° Le décamètre,	qui égale	10	mètres ;
3° Le demi décamètre	»	5	»
4° Le double mètre	»	2	»
5° Le mètre	»	1	»
6° Le demi mètre	»	0 m. 5	
7° Le double décimètre	»	0 m, 2	
8° Le décimètre	»	0 m, 1	

Questionnaire sur la 3e, la 4e et la 5e leçon.

14. — *Qu'appelle-t-on circonférence? — 15. Peut-on confondre le mot circonférence avec le mot cercle. — 16. Comment divise-t-on la circonférence?— 17 Quelles sont les principales lignes que l'on considère dans le cercle? —18. Qu'est-ce que le diamètre? — 19. Comment obtient-on la circonférence d'un cercle dont on connait le diamètre? — 20 Comment trouve-t-on le diamètre d'un cercle dont on connait la circonférence? — 21. Qu'est-ce que le rayon? — 22. Comment trouve-t-on le rayon d'un cercle dont on connait la circonférence? — 23. Quel nombre décimal exprime dans la pratique le rapport de la circonférence au diamètre? — 24. Quelle formule emploie-t-on pour trouver la circonférence lorsqu'on connait le rayon? — le diamètre lorsqu'on connait la circonférence? — le rayon lorsqu'on connait la circonférence? — 25. Qu'est-ce qu'un angle? — 26. Combien distingue-t-on de sortes d'angles par rapport à leur grandeur? —27. Qu'est-ce que l'angle droit? — 28. Obtus? — 29 Aigu? — 30. 31. Quelle est la mesure prescrite pour les longueurs? —32. 33. Quels sont les multiples et les sous-multiples du mètre?*

Problèmes sur les lignes.

P. 1. Combien contient. 1° de décim., 2° de centim., 3° de millim., la distance d'un hameau à un autre, cette distance étant de 35 hectom.?

P. 2. Combien y a-t-il de décim. dans une longueur de 28 décam.?

P. 3. Réduire en mètres les longueurs suivantes, et en dire le total: 1° 4 myriam.; 2° 37 décam.; 3° 9 hectom.; 4° 718 décim.; 5° 3742 centim.; 6° 39 hectom.; et 7° 18 myriam.

P. 4. Exprimez en décim. le total des longueurs suivantes : 1° 5 hectom., 2° 32 décam. ; 3° 172 mèt.; 4° 92 kilom. et 5° 18 hectom.

P. 5. Combien y a-t-il de demi-mètres dans : 1° 780 mèt. ; 2° 9 hectom. et 3° 72 kilom. ?

P. 6. Combien y a-t-il de doubles décim. dans 149 mèt?

P. 7. Combien 25 mèt. font-ils de doubles décimètres ?

P. 8. Le canal de Saint-Quentin parcourt 9338 décam. ; celui de la Somme 158039 mèt. ; Combien de fois la longueur du premier est-elle contenue dans celle du second ?

P. 9. Combien font de centim. : 1° 34 mèt. ; 2° 6 décam. ; 3° 28 décim., 4° 54 hectom. ; 5° 8 décim., et dites en millimèt. le total de toutes ces longueurs ?

P. 10. Combien y a-t-il de doubles décam. dans 700 mèt. ?

P. 11. Combien y a-t-il de demi-décam. dans 784 décim. ?

P. 12. Combien y a-t-il de demi-mètres dans 35 décam. ?

P. 13. Pour monter au grenier d'une maison, il y a 64 marches de chacune 16 centim.. on demande à quelle distance du sol est situé ce grenier ?

P. 14. Pour monter à un étage haut de 5 mèt. 76, on veut poser 32 marches, quelle sera la hauteur de chacune ?

P. 15. Quel est le diam. du cercle fig. 7.

P. 16. Quelle est la circonf. du cercle fig. 8.

P. 17. Quelle est la circonf. du cercle fig. 9.

P. 18. Quel est le diam. d'un cercle qui a 75 mèt. 3984 de circonférence ?

P. 19. Quelle est la circonf. d'un cercle qui a 18 mèt. de diam. ?

P. 20 Trouver le diam. d'un cercle qui a 9 mèt 17 de rayon.

P. 21. Quel est le rayon d'un cercle qui a 28 mèt. 2711 de circonf ?

P. 22. Dites quelle est la circonf. d'un cercle qui a 0 mèt 25 de rayon.

P. 23. Quel est le rayon d'un cercle qui a 27 mèt. de diam. ?

P. 24 Combien contiennent de mètres 27 pièces de toile qui ont chacune 97 mèt 75 de longueur ?

P. 25. Combien le méridien terrestre contient-il de mètres ?

P. 26. Une cuve a pour diam. 0 mèt. 60 dans le fond et pour circonf. 2 mèt. 51328 dans le haut, on demande la circonf du premier cercle et le diam. du second.

P. 27. Un arbre a 0 mèt. 20 de diam., quelle en est la circonf. ?

P. 28. Un cercle a 21 mèt 9912 de circonf., quel en est le rayon ?

P. 29. Quelle est la circonf. d'un bassin ayant 13 mèt de diam. ?

P 30. Combien le quart du méridien terrestre contient-il de myriam. ?

LEÇON VI.

Sur l'étendue en longueur et largeur.

34. On appelle surface ou aire ou superficie l'étendue dans laquelle on considère la longueur et la largeur ; ainsi tous les espaces renfermés par des lignes, comme une feuille de papier, une pièce de terre, sont des surfaces.

35. Mesurer une surface, c'est chercher com-

bien de fois elle contient une autre surface prise pour unité.

36. L'unité des mesures de surface est le mètre carré : c'est un carré qui a un mètre de chaque côté.

37. Les multiples du mètre carré sont :

1° Le décam. carré ; carré qui a 10 mèt. de chaque côté ;

2° L'hectom. carré , carré qui a 100 mèt. de chaque côté ;

Et 3° Le kilom. carré, carré qui a 1000 mèt. de chaque côté.

38. Les sous-multiples du mètre carré sont :

1° Le décim. carré, carré qui a un décim. de chaque côté ;

2° Le centim. carré, carré qui a un centim. de chaque côté ;

3° Le millim. carré, carré qui a un millim. de chaque côté (1).

39. Selon la forme que présentent les surfaces, elles prennent les noms suivants : 1° carré ; 2° rectangle ; 3° parallélogramme ; 4° losange ; 5° triangle ; 6° trapèze ; 7° polygone, et 8° cercle.

LEÇON VII.

Sur le carré et le rectangle.

40. Le carré est une surface de quatre côtés égaux et perpendiculaires les uns aux autres.

(1) Un décim. carré s'écrit 0m,01 ; un centim. carré 0m,0001 ; un millim. carré 0m,000001.

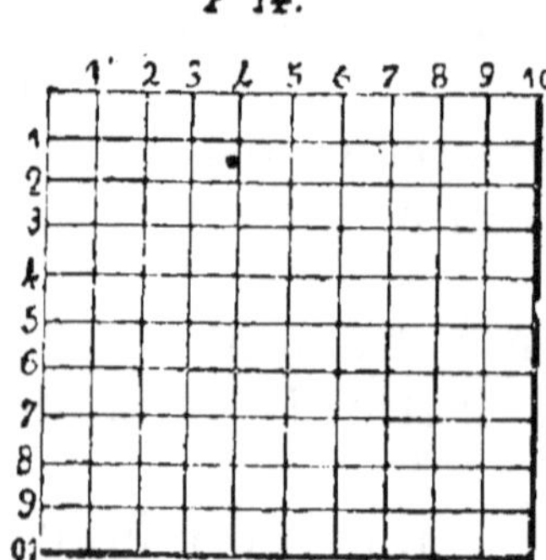

41. Pour trouver la surface d'un carré, on multiplie un de ses côtés par lui-même. En effet, supposons que le carré, fig. 14 ait 10 mètres de chaque côté, on pourra le diviser en dix bandes sur la longueur et dix bandes sur la largeur ; chaque bande contiendra 10 carrés qui auront chacun 1 mètre de chaque côté ; comme il s'y trouvera 10 bandes, on aura 10 fois 10 mètres carrés ou 100 mètres carrés.

42. Nommant *a* le côté d'un carré, on a pour formule : $S = a^2$.

APPLICATION : *Quelle est la surface d'un carré ayant 36 mèt. de chaque côté?*

On trouve : $a^2 = 36 \times 36 = 1296^m$.

43. On appelle are la surface à laquelle on compare celle des champs, des terrains. Cette mesure est un carré de 10 mèt. de chaque côté.

44. On voit que (41) l'are contient 100 mèt. carrés et que le centiare qui est la centième partie de l'are, égale un mèt. carré.

45. On doit remarquer aussi que (36 et 41) le mèt. carré, étant une surface carrée qui a 10 décim. de chaque côté, contient 100 décim. carrés ; que le décim. carré contient 100 centim. carrés, et le centim. carré 100 millim. carrés.

46. De même (37 et 41) le kilom. carré contient 1000000 de mèt. carrés ; l'hectom. carré en contient 10000 et le décam. carré 100.

47. L'are n'a qu'un multiple qui est l'hectare ou 100 ares et qu'un seul sous-multiple qui est le centiare ou centième partie de l'are. Ces mesures sont des carrés parfaits ; or, comme 1000 ares, 10 ares, 10 mètres carrés n'admettent point cette régularité, on ne dit pas kilare, décare, déciare.

48. De ce qui précède on résume ce qui suit :

1 kilom. car. = 100 hectares ou 10000 ares ou 1000000 de mèt. car.

1 hectom. car. = 1 hectare ou 100 ares ou 10000 mèt. car.

1 décam. car. = 0 hectare 01 are ou 100 mèt. car.

1 mèt. car. = 0 hectare 00 are 01 centiare ou 100 décim. car.

1 décim. car. = 0 hectare 00 are 00 centiare ou 0 mèt. car. 01 décim. car.

1 centim. car. = 0 hectare 00 are 00 centiare ou 0 mèt. car. 00 01 centim. car.

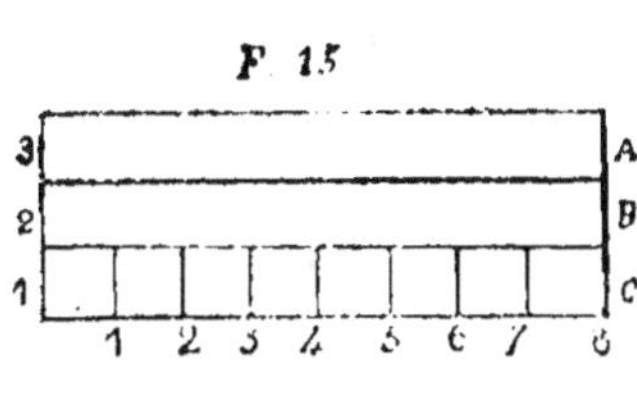

49. Le rectangle est une fig. de quatre côtés, perpendiculaires les uns aux autres, mais n'ayant que les côtés opposés égaux, fig. 15.

50. La ligne qui joint les sommets des angles opposés d'un carré ou d'un rectangle s'appelle diagonale, A B, fig. 16 et 17.

51. Pour trouver la surface d'un rectangle, on

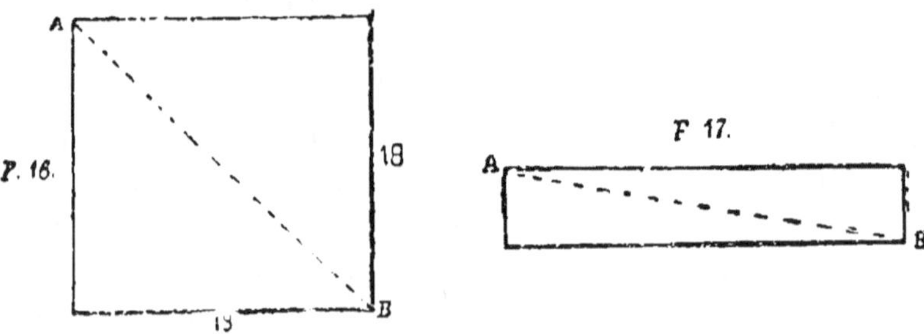

multiplie la longueur par la largeur. Supposons que le rectangle fig. 15 ait 3 mèt. de hauteur sur 8 mèt. de longueur ; on peut le regarder comme partagé, sur la hauteur, en trois rectangles A, B, C, ayant chacun 8 mèt. de long et 1 mèt. de haut ; si l'on partage maintenant sur la longueur chaque rectangle en 8 parties, il se trouve dans chacun de ces rectangles 8 carrés ayant 1 mèt. de chaque côté ; on a donc 3 fois 8 mèt. carrés ou 24 mètres carrés pour la surface totale.

52. Nommant a un côté d'un rectangle et b l'autre côté, on a la formule suivante : $S = a\ b$.

APPLICATION : *Quelle est la surface d'un rectangle qui a 18 mèt. de long et 12 mèt de large ?*

On trouve : $a\ b = 18 \times 12 = 216^{m}$.

Questionnaire sur la VIe et la VIIe leçon.

31. *Qu'appelle-t-on surface ?* — 35. *Qu'est-ce que mesurer une surface.* — 36. *Qu'elle est l'unité des mesures de surface?* — 37. *Quels sont les multiples du mètre carré ?* — 38. *Quels sont les sous-multiples du mètre carré ?* — 39. *Quels noms donne-t-on aux surfaces ?* — 40 *Qu'appelle-t-on carré ?* — 41. *Comment trouve-t-on la surface d'un carré ?* — 42. *Quelle*

formule emploie-t-on pour la surface du carré? — 43. Qu'est-ce que l'are ? — 44. Qu'est-ce que l'are et le centiare relativement au mètre carré ? — 45. Combien le mètre carré contient-il de décimètres carrés, de centimètres carrés et de millimètres carrés ? — 46. Combien y a-t-il de mètres carrés dans le kilometre carré, l'hectomètre carré, le décamètre carré ? — 47. Quels sont les multiples et les sous-multiples de l'are ? — 48 Que sont relativement au mètre carré tous les multiples et les sous-multiples des mesures de surface ? — 49. Qu'est-ce que le rectangle ? — 50. Qu'appelle-t-on diagonale dans le carré et le rectangle ? — 51 Comment trouve-t-on la surface d'un rectangle ? — 52 Quelle formule emploie-t-on pour la surface du rectangle ?

Problèmes sur les mesures de surface, sur le carré et le rectangle.

P. 31. Ecrivez en chiffres en prenant le mètre carré pour unité, et additionnez : 1° cinquante décim. car. (1) ; 2° trois décim. car. , 3° trente-cinq centim. car. ; 4° trente-cinq centièmes de mèt. car. ; 5° neuf dixièmes de mèt. car. ; 6° trois cent quinze dixièmes de mèt. car. ; 7° vingt ares ; 8° quinze ares ; 9° trente-quatre hectares ; 10° deux centiares et 11° vingt-deux centiares.

P. 32. Ecrivez les quantités du problème 31 en prenant l'are pour unité.

P. 33. Additionnez 15 hectares, 2 mèt. car., 30 centiares, 18 ares, 115 centiares, 18 centiares et 5 hectares.

P. 34. Dites combien contiennent ensemble de mèt. car. les surfaces suivantes : 15 décim. car., 25 mèt. car., 17 cent. car., 5019 décim. car., et 45 décim. car.

35. Quel est le total en mèt. car. des surfaces suivantes : 15 mèt. car., 18 dixièmes de mèt. car., 3

(1) Il faut remarquer que les dixièmes de mèt. car. ne sont pas des décim. car. et que les centièmes de met. car. ne sont pas des centim. car. ; ainsi on écrit :
1 dixième de mèt. car. 0 m, 1 ; 1 décim. car. 0 m, 01 ;
1 centième de mèt. car. 0 m, 01 ; 1 centim. car. 0 m, 0001

mèt. car., 9 décim. car.. 150 dixièmes de mèt. car., 75 centièmes de mèt. car. et 3 mèt. car. 5 centièmes.

P. 36. Combien font en tout de mèt. car. les superficies suivantes : 15 hectares. 7 mèt. car. 5 dixièmes de mèt car., 3 centim. car., 9 hectares, 900 mèt. car., 90 décim. car., 90 décam. car. et 9 hectom. car. ?

P. 37. Quelle est la surface du carré, fig. 16 ?

P. 38. Quelle est la surface du rectangle fig. 17, ayant 29 mèt. de long, et 5 mèt. de large ?

P. 39. Combien contient un carré qui a 45 mèt. de chaque côté ?

P. 40. Combien contiennent ensemble deux carrés dont l'un a 15 mèt. de chaque côté et l'autre 9 mèt. ?

P. 41. Quelle est la surface d'un carré ayant 5 mèt. 3 décim. de chaque côté ?

P. 42. Combien contient un autre carré qui a 15 décim. de chaque côté ?

P. 43. Combien contient d'ares une pièce de terre carrée si chaque côté a 45 décam. 5 décim. ?

P. 44. Un rectangle a 18 mèt de long sur 5 mèt. de large, quelle en est la surface ?

P. 45. Combien contient d'hectares une pièce de terre de forme rectangulaire ayant 912 mèt de long et 815 mèt. 5 décim. de large ?

P. 46. Combien paiera-t-on pour 9 planches ayant chacune 4 mèt. 5 de long sur 25 centim. de large, à 3 centimes le décim. car. ?

P. 47. Quel sera le prix d'une pièce de terre de la forme d'un rectangle ayant 72 décam. 15 décim. de long et 328 mèt de large, à 23 fr. 50 l'are ?

LEÇON VIII.

Sur le parallélogramme, le losange, le triangle et le trapèze.

53. Le parallélogramme est une figure de quatre côtés, non perpendiculaires les uns aux autres, mais dont chacun est parallèle et égal au côté qui lui est opposé : fig. 18.

54. Pour trouver la surface d'un parallélogramme, on multiplie la longueur A B (fig. 18) par la largeur A F perpendiculaire à cette longueur ; en effet, les surfaces E B D et F A C étant égales, si on remplace F A C par E B D, le parallélogramme deviendra un rectangle.

55. Le losange ne diffère du parallélogramme qu'en ce qu'il a les quatre côtés égaux : fig. 19.

56. Pour trouver la surface du losange, on multiplie la longueur A B fig. 19, par la largeur CD perpendiculaire à cette longueur ; ou on multiplie les deux diagonales l'une par l'autre et on prend la moitié.

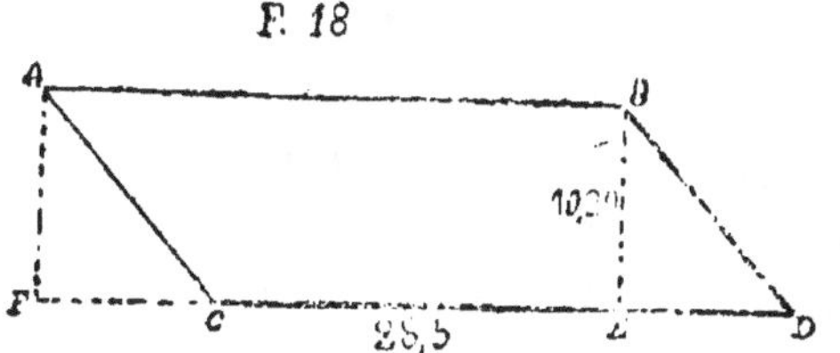

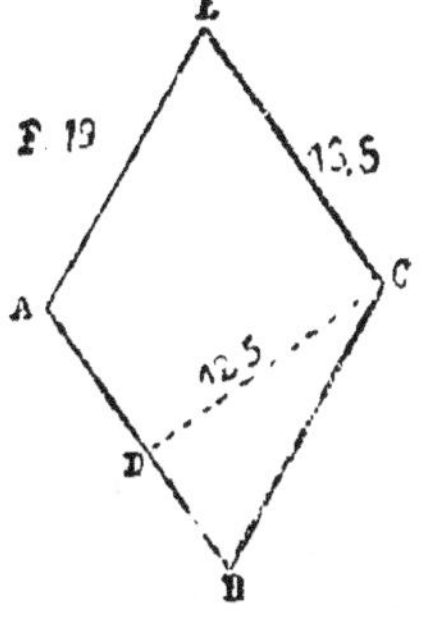

57. La largeur dans le parallélogramme et le losange s'appelle hauteur.

58. Nommant *a* la base d'un parallélogramme

ou d'un losange et h la hauteur on a la formule : $S = a\ h$.

APPLICATION : *Quelle est la surface d'un parallélogramme ayant pour base 25 mèt. et pour hauteur 17 mèt. ?*

On trouve : $a\ h = 25 \times 17 = 425$.

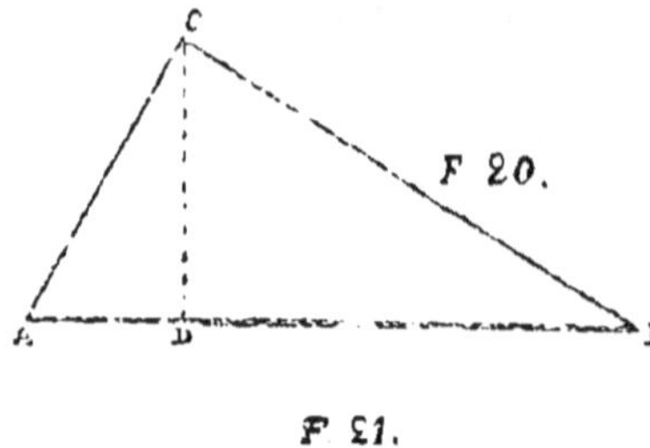

59. Le triangle est une surface renfermée par trois lignes : fig. 20.

Pour obtenir la surface d'un triangle, il faut multiplier la base A B fig. 20 par la hauteur C D et prendre la moitié du produit.

60. L'inspection des triangles, fig. 21 et 22, suffit pour démontrer que la surface d'un triangle est égale à la moitié de la surface du rectangle ou du parallélogramme qui a même base et même hauteur ; en effet, si l'on coupe par une ligne transversale AB les fig. 21 et 22, ces figures seront partagées en deux triangles égaux.

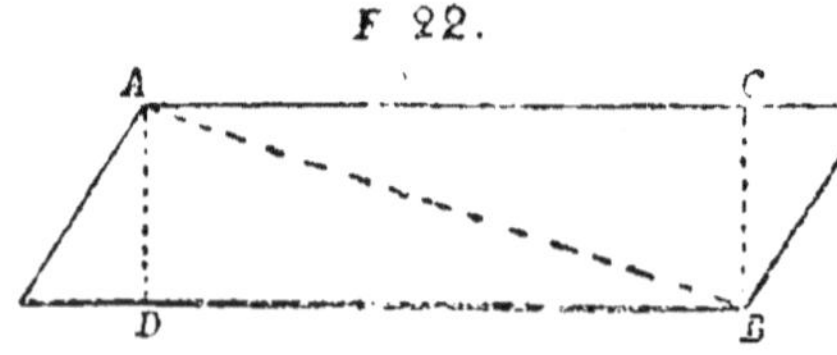

61. On appelle hauteur d'un triangle la ligne abaissée du sommet d'un de ses angles et perpendiculaire sur le côté opposé que l'on prend pour base : CD fig. 20, AD et BC fig. 22.

62. Nommant a la base d'un triangle et h la hauteur, on a la formule : $S = \frac{a\,h}{2}$

Application : *Quelle est la surface d'un triangle ayant 27 mèt. de base et 32 mèt. de hauteur?*

On trouve : $\frac{a\,h}{2} = \frac{27 \times 32}{2} = 432.$

63. Le trapèze est une figure formée de quatre lignes droites, dont deux seulement sont parallèles : fig. 23 et 24.

64. Pour obtenir la surface du trapèze, on additionne les deux côtés parallèles AB, CD, fig. 23, on multiplie cette somme par la hauteur BE, et on prend la moitié du produit ; en effet, si l'on partage un trapèze en deux triangles, fig. 24, on remarque que ces triangles ayant la même hauteur, AB, CD, il n'y a qu'à multiplier la base de chacun ou la somme des deux bases par la hauteur, et prendre la moitié du produit.

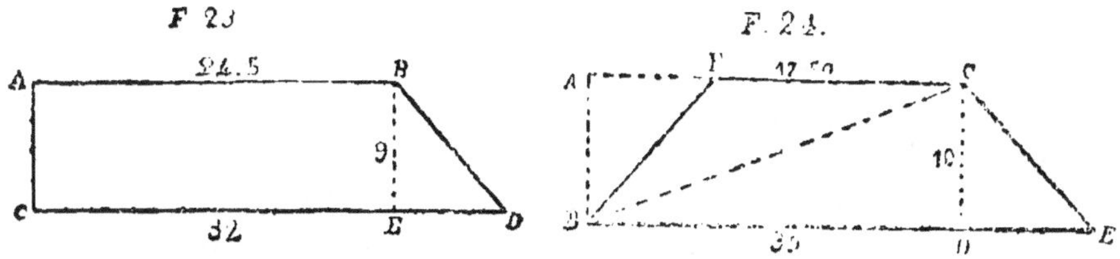

65. On appelle hauteur dans le trapèze la ligne perpendiculaire mesurant la distance qui existe entre les deux côtés parallèles : BE fig. 23, CD fig. 24.

66. Nommant a un côté, b l'autre côté parallèle d'un trapèze, et h la hauteur, on a la formule : $S = \left(\frac{a+b}{2}\right) h$.

APPLICATION : *Quelle est la surface d'un trapèze ayant pour côtés parallèles 72 mèt. et 56 mèt., et pour hauteur 52 mèt. ?*

On trouve : $\left(\frac{a+b}{2}\right) h = \left(\frac{72+56}{2}\right) \times 52 = 3328^{m}$

Questionnaire sur la leçon VIII.

53. *Qu'est-ce que le parallélogramme ?* — 54. *Comment en trouve-t-on la surface ?* — 55. *Qu'est-ce que le losange ?* — 56. *Comment en trouve-t-on la surface ?* — 57. *Qu'appelle-t-on hauteur dans le losange et le parallélogramme ?* — 58. *Par quelle formule trouve-t-on la surface de ces figures ?* — 59. *Qu'est-ce que le triangle ?* — 60. *Comment obtient-on la surface du triangle ?* — 61. *Qu'appelle-t-on hauteur dans le triangle ?* — 62. *Dites la formule pour la surface du triangle.* — 63. *Qu'est-ce que le trapèze ?* — 64. *Comment en trouve-t-on la surface ?* — 65. *Qu'appelle-t-on hauteur du trapèze ?* — 66. *Quelle formule emploie-t-on pour la surface du trapèze*

Problèmes sur le parallélogramme, le losange, le triangle et le trapèze.

P. 48. Trouvez la surface de la figure 18.

P. 49. Combien contient de décim. car. un parallélogramme ayant 1 mèt. 25 de base et 3 mèt. 5 de hauteur ?

P. 50. Combien contient de mètres car. un parallélogramme ayant 25 mèt. 5 de long et 17 mèt. 05 de haut ?

P. 51. Quelle est la surface de la fig. 19 ?

P. 52. Combien paiera-t-on à un menuisier qui a fait 15 losanges, ayant chacun 15 décim. de long sur 14 décim. de haut, à 4 fr. 25 le mèt. car. ?

P. 53. Indiquez la surface de la fig. 20, ayant 31 mèt. de base et 14 mèt. de hauteur.

P. 54. Dites quelle sera la surface d'un triangle ayant 72 mèt. 25 de long sur 125 mèt. de haut.

P. 55. Combien contient d'hectares une pièce de terre en forme de triangle, ayant 175 décam. de base et 2250 mèt. de hauteur ?

P. 56. Quelle est la surface d'un triangle ayant 17 mèt. de base et 14 mèt. 20 de hauteur ?

P. 57. Quelle est la surface de la fig. 23 ?

P. 58. Dites la surface de la fig. 24.

P. 59. Dites la surface d'un trapèze ayant d'un côté 47 mèt., de l'autre 78 mèt. 80, et pour largeur perpendiculaire 45 mèt. 70.

P. 60. Un trapèze a d'un côté 18 mèt., de l'autre 37 mèt. 40, et pour hauteur 72 mèt., quelle en est la surface ?

P. 61. Quelle sera la surface d'un trapèze ayant 37 mèt. de hauteur, 42 mèt. 20 d'un côté et 38 mèt. 75 de l'autre ?

P. 62. Quelle est la surface totale des 5 figures ci-après : 1° un carré long de chaque côté de 185 mèt. 5 ; 2° un parallélogramme large de 175 et long de 215 m. ; 3° un triangle dont la base est 415 mèt. 20 et la hauteur 318 mèt. ; 4° un losange long de 218 mèt. et haut de 160 mèt. 50, et 5° un trapèze dont les deux côtés parallèles sont 149 mèt. et 178 m. 25, et la hauteur 58 m. ?

LEÇON IX.

Sur le polygone régulier, le polygone irrégulier et le cercle.

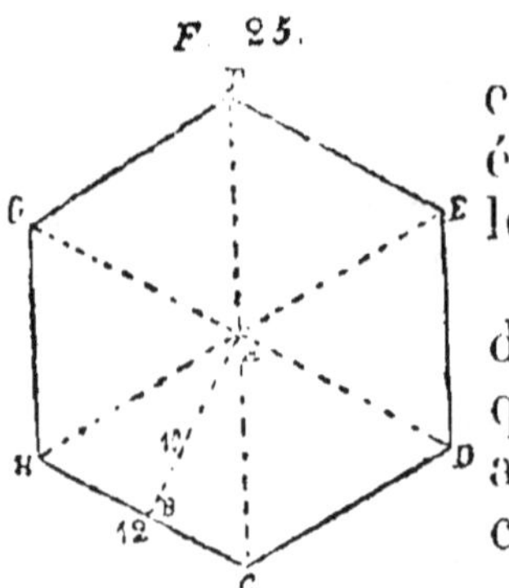

67. Le polygone régulier est une figure formée de côtés égaux et également inclinés les uns sur les autres : fig. 25.

Il peut toujours être inscrit dans un cercle, c'est-à-dire que tous les sommets des angles peuvent être sur la circonférence.

68. On appelle contour ou périmètre d'un polygone la longueur totale de ses côtés.

69. Le polygone, selon le nombre de ses côtés, prend les noms suivants : 1° trilatère qui a trois côtés ; 2° quadrilatère, qui en a quatre ; 3° pentagone, qui en a cinq ; 4° hexagone, qui en a six ; 5° heptagone, qui en a sept ; 6° octogone, qui en a huit ; 7° ennéagone, qui en a neuf ; 8° Décagone, qui en a dix ; au-delà, on les désigne ordinairement par le nombre de leurs côtés.

70. On nomme apothème la perpendiculaire A B abaissée du centre du polygone sur un de ses côtés, fig. 25. Cette perpendiculaire tombe toujours sur le milieu du côté.

71. Pour trouver la surface d'un polygone régulier, on le partage en autant de triangles qu'il a de côtés, fig. 25, ayant chacun leur sommet au centre ; on cherche la surface d'un de

ces triangles et comme ils sont tous égaux, on multiplie cette surface par le nombre de côtés, ou ce qui revient encore au même, on multiplie la longueur du contour par l'apothême, et on prend la moitié du produit.

72. Nommant P le périmètre ou contour et A l'apothême, on a la formule : $S = \frac{P\ A}{2}$

Application : *On demande la surface d'un polygone régulier de 6 côtés ayant* 84 *m. de périmètre et* 12 *m.* 12 *c. d'apothême?*

On trouve : $\frac{PA}{2} = \frac{84 \times 12{,}12}{2} = 509^{m}04.$

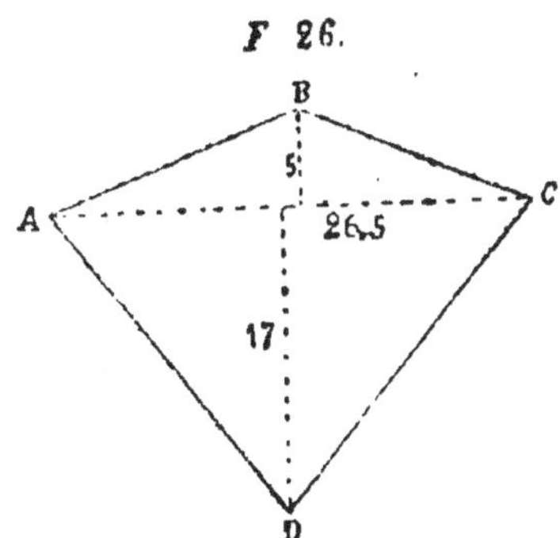

73. Le polygone irrégulier est celui dont les côtés ne sont pas égaux : fig. 26.

74. Pour trouver la surface d'un polygone irrégulier, autre qu'un trilatère, on le partage en figures qui sont ou des carrés, ou des triangles, ou des rectangles, ou des trapèzes ; on évalue ces différentes surfaces et on les additionne ensemble.

Il est quelquefois convenable de joindre par une ligne droite, qu'on appelle directrice, les angles les plus éloignés du polygone, et on abaisse ensuite sur cette directrice des perpendiculaires partant du sommet des angles, fig. 26

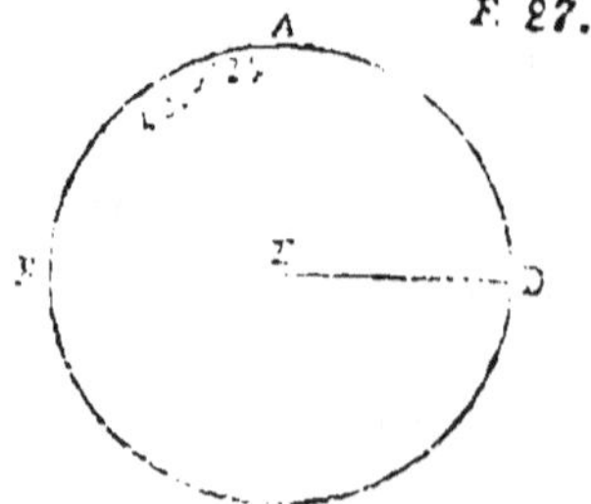

75. Le cercle est la surface renfermée par la circonférence, fig. 27.

76. Pour obtenir la surface d'un cercle, on multiplie la circonférence ABCD fig. 27, par le rayon DE, et on prend la moitié du produit; en effet, si l'on fait dans le cercle un grand nombre de triangles qui aient chacun leur sommet au centre de ce cercle et leur base à la circonférence, on aura un polygone régulier qui approchera d'autant plus de la surface du cercle qu'il aura de côtés.

77. Ce calcul revient à multiplier le carré du rayon par 3,1416, rapport de la circonférence au diamètre (n° 19); en effet, supposons que l'on cherche la surface d'un cercle de 3 m. de rayon, on multipliera, selon ce qui est dit au n° 76, 3 par 2 pour avoir le diamètre, ensuite le diam. par 3,1416 pour avoir la circonf., la circonférence par le rayon 3, et on prendra la moitié. On aura donc :

$$S = \frac{3 \times 2 \times 3{,}1416 \times 3}{2}$$

et, supprimant le facteur 2 qui se trouve dans le dividende et dans le diviseur, on aura :

$$S = 3 \times 3 \times 3{,}1416, \text{ ou } S = 3^2 \times 3{,}1416.$$

78. Nommant π le rapport de la circonf. au diam. (n° 23) et R le rayon, on aura pour formule : $S = R^2 \pi$, ou mieux : $S = \pi R^2$.

APPLICATION : *Quelle est la surface d'un cercle qui a 7 m. de rayon?* On trouve :

$$\pi R^2 = 3,1416 \times 7 \times 7 = 153 \text{ m. } 9384.$$

Questionnaire sur la leçon IX.

67. *Qu'est-ce que le polygone régulier? — 68. Qu'appelle-t-on contour ou périmètre du polygone? — 69 Quels noms donne-t-on aux polygones réguliers? — 70. Qu'appelle-t-on apothème? — 71. Comment trouve-t-on la surface d'un polygone régulier? — 72 Quelle formule emploie-t-on pour la surface d'un polygone régulier? — 73. Qu'est-ce que le polygone irrégulier? — 74. Comment en obtient-on la surface? — 75. Qu'est-ce que le cercle? — 76 Comment trouve-t-on la surface du cercle? — 77. A quoi se réduit ce calcul? — 78. Quelle formule emploie-t-on pour la surface du cercle?*

Problèmes sur le polygone régulier, le polygone irrégulier et le cercle.

P. 63. Indiquez la surface de la fig. 25.

P. 64. Quelle serait la surface d'un hexagone qui aurait 18 m. de chaque côté et 15 m. 58 d'apothème?

P. 65. Combien contiendrait de mètres carrés un ennéagone qui aurait 108 mètres de contour et 16 m. 48 d'apothème?

P. 66. Indiquez la superficie d'un heptagone qui aurait 8 m. de chaque côté et 8 m. 30 d'apothème.

P. 67. Quelle serait la superficie d'un polygone régulier de 11 côtés, sachant que le contour aurait 77 m. et la hauteur perpendiculaire abaissée du centre sur un des côtés 11 m. 91?

P. 68. Indiquez la superficie de la fig. 26.

P. 69. Dites la surface de la fig. 27.

P. 70. Quelle est la surface d'un cercle de 9 m. de rayon?

P. 71. Quelle est la surface d'un cercle de 24 m. de diamètre?

P. 72. Quelle est la surface d'un cercle de 3 m. de rayon?

P. 73. Quelle est la surface d'un cercle qui a 16 m. de diam. et 50 m. 2656 de circonf. ?

P. 74. Quelle est la surface d'un cercle qui a 4 m. de diam. ?

P. 75. Combien contient de mètres carrés un cercle ayant 31 m. 416 de circonf. ?

P. 76. Quelle est la surface d'un cercle qui a 20 m. de diam. ?

P. 77. Quelle est la surface d'un cercle qui a 16 m. de rayon ?

P. 78. Quelle est la superficie du fond d'une cuve de 3 m. 1416 de circonf. ?

P. 79. Combien contient de centim. car. un cercle ayant 13 m. de rayon ?

P. 80. Quelle est la surface d'un cercle ayant 69 m. 1152 de circonf. ?

P. 81. Combien contient de décam. car. un cercle de 3846 m. de diam. ?

P. 82. Quelle est la surface d'un cercle ayant 0 m. 20 de diam. ?

P. 83. Dites la surface d'un cercle ayant pour demi-circonf. 43 m. 9824.

LEÇON X.

Sur les superficies des faces des volumes.

79. On appelle volumes, ou corps, ou solides, les objets dans lesquels on considère les trois dimensions : la longueur, la largeur et la hauteur, comme une poutre, une pierre.

80. Les principaux volumes sont : 1° le cube, 2° le parallèlipipède, 3° le prisme, 4° le cylindre, 5° la pyramide, 6° le cône, et 7° la sphère.

81. Les faces de ces volumes peuvent se comparer aux surfaces expliquées dans les leçons précédentes.

LEÇON XI.

Sur la superficie des faces du cube, du parallèlipède et du prisme.

82. Le cube est un corps ayant six faces carrées et égales, fig. 28, tel est un dé à jouer.

83. Pour trouver la superficie des faces d'un cube, le cube offrant pour ses six faces six carrés égaux, on cherche la superficie d'une face et on la multiplie par 6.

84. Nommant a le côté d'un cube, on a, pour la superficie de ses six faces, la formule : $S = 6a^2$

APPLICATION : *Quelle est la superficie des 6 faces d'un cube ayant 7 m. de chaque côté ?*

On trouve : $6a^2 = 6 \times 7 \times 7 = 294$ m.

85. Le parallèlipipède est un cube allongé : fig. 29.

F 28.

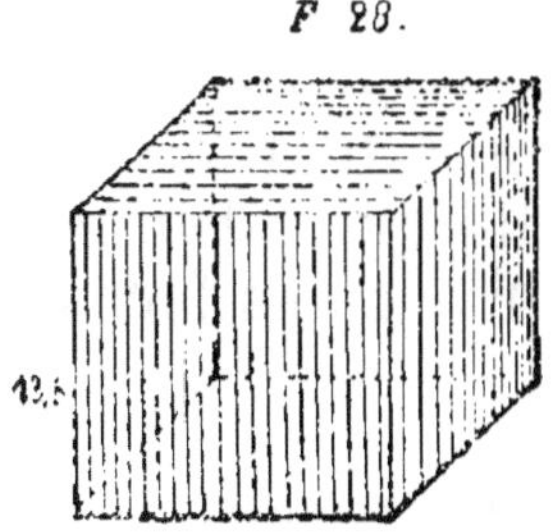

F 29.

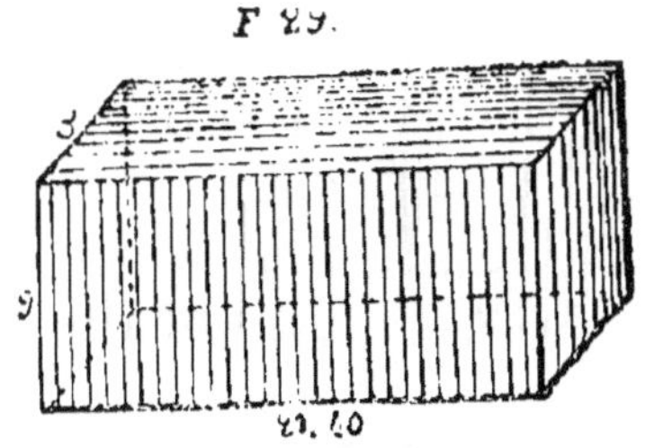

86. Pour obtenir la superficie des faces d'un

parallèlipipède, ces faces étant des rectangles, on en cherche les superficies et on les additionne ensemble, ou bien on multiplie la longueur par le contour : en effet, si on enveloppe un parallèlipipède d'une feuille de papier, cette feuille étant développée forme un rectangle dont la longueur représente la longueur du parallèlipipède, et la largeur, le contour de ce parallèlipipède.

87. En nommant P le périmètre et H la longueur ou hauteur, on a pour la surface latérale la formule : $S = PH$.

APPLICATION : *On demande la surface latérale d'un parallèlipipède dont le contour a 3 m. 50 et la longueur 5 m. 90?*

On trouve : $PH = 3,5 \times 5,9 = 20$ m. 65.

88. Chaque base du parallèlipipède représente un carré ou un rectangle; on en trouve la surface en opérant comme pour le carré ou le rectangle.

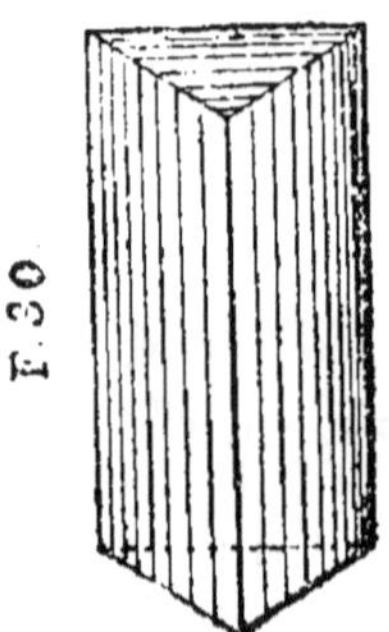

F. 30

89. Le prisme est un corps dont les deux bases sont des polygones égaux et parallèles, et les faces, des rectangles ou des parallélogrammes, fig. 30. La formule pour la superficie des faces du prisme est la même que celle qui est employée pour la superficie des faces du parallèlipipède.

Questionnaire sur la Xe et la XIe leçon.

79. *Qu'appelle-t-on corps?* — 80. *Quels sont les principaux*

volumes? — 82 Qu'est-ce que le cube? — 83 Comment trouve-t-on la superficie des faces du cube? — 84 Quelle formule emploie-t-on pour la superficie des 6 faces du cube? 85 Qu'est-ce que le parallèlipipède? — 86 Comment obtient-on la superficie des faces du parallèlipipède? 87 Quelle formule emploie-t-on pour les 4 faces latérales du parallèlipipède? — 88 Quelles figures représentent les bases du parallèlipipède? — 89. Qu'est-ce que le prisme?

Problèmes sur la superficie des faces du cube, du parallèlipipède et du prisme.

P. 84. Quelle est la superficie des 6 faces du cube : fig. 28.

P. 85. Quelle est la surface d'un cube ayant 9 m. 50 de chaque côté?

P. 86. Combien contient de millim. car. la surface d'un dé à jouer, en forme de cube, ayant 0 m. 012 de chaque côté?

P. 87. Quelle est la surface d'une pierre de forme cubique, ayant 1 m. 25 de chaque côté?

P. 88. Dites la superficie des 6 faces du parallèlipipède : fig. 29.

P. 89. Quelle est la superficie des 6 faces d'un parallèlipipède ayant 3 m. 25 de long, 0 m. 35 de haut et 0 m. 42 de large?

P. 90. Combien contiennent de mètres car. les 4 faces latérales d'un parallèlipipède, ayant 14 m. 25 de long 2 m. 75 de haut et 5 m. de large?

P. 91. Combien contient de décim. car. la superficie des 6 faces d'une caisse, dont la longueur est 1 m. 45, la largeur 0 m. 95, et la hauteur 0 m. 70?

LEÇON XII.

Sur la Surface latérale du cylindre, de la pyramide et de la pyramide tronquée.

90. Le cylindre droit est un corps rond dont

les bases sont des cercles égaux et parallèles : fig. 31, comme un tuyau.

91. Pour obtenir la surface latérale d'un cylindre droit, on multiplie la circonférence A B C D, fig. 31, d'une de ses bases par la hauteur A E : en effet, la feuille de papier, qui envelopperait un cylindre droit, représenterait un rectangle, dont un côté serait la circonf. et l'autre côté la hauteur.

92. Nommant $2 \pi R$ la circonf. et H la hauteur, on a pour formule : $S = 2 \pi R H$.

APPLICATION : *Quelle est la surface latérale d'un cylindre ayant 3 m. de rayon et 9 m. de hauteur.*

On obtient : $2 \pi R H = 3 \times 2 \times 3,1416 \times 9 = 169$ m. 6464 ou en intervertissant l'ordre des facteurs, ainsi que l'indique la formule : $2 \times 3,1416 \times 3 \times 9 = 169$ m. 6464.

93. La pyramide est un corps dont la base est

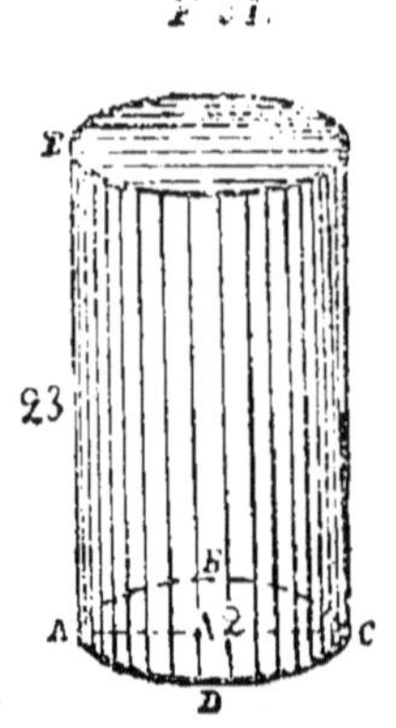

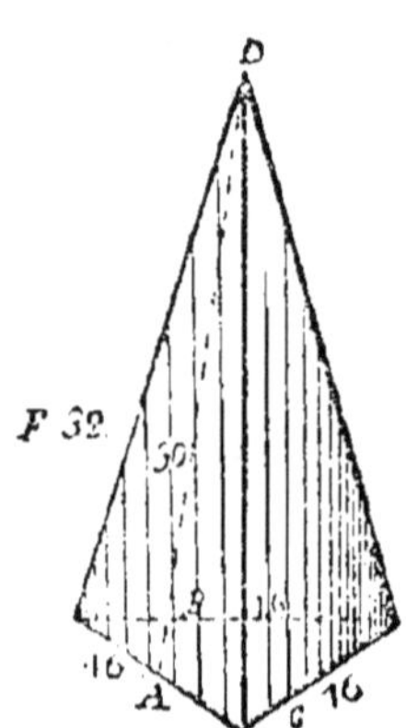

un polygone quelconque, et dont les faces son des triangles ayant chacun leur sommet au même point, fig. 32.

94. La pyramide est appelée triangulaire, quadrangulaire, pentagonale, etc., selon la forme de sa base. La fig. 32 représente une pyramide triangulaire.

95. Pour trouver la surface latérale d'une pyramide droite, on mutiplie le contour de la base ABC, fig. 32, par la hauteur DA d'une de ses faces, et on prend la moitié du produit; ou bien, si elle est irrégulière, on évalue séparément ses faces comme des triangles. Il ne peut en être autrement, puisque chaque face forme un triangle.

96. La hauteur des faces tombe toujours sur le milieu de chaque côté de la base de la pyramide, lorsque celle-ci est droite.

97. Nommant P le périmètre de la base d'une pyramide et h la hauteur d'une de ses faces,

on a pour formule : $S = \frac{P\,h}{2}$

APPLICATION : *Quelle est la surface latérale d'une pyramide pentagonale dont le périmètre a* 15 *m. et la hauteur de ses faces* 5 *m.?*

On trouve : $\frac{P\,h}{2} = \frac{15 \times 5}{2} = 37^{m}50.$

98. On dit que la pyramide est tronquée lorsque la partie vers le sommet est enlevée, fig. 33.

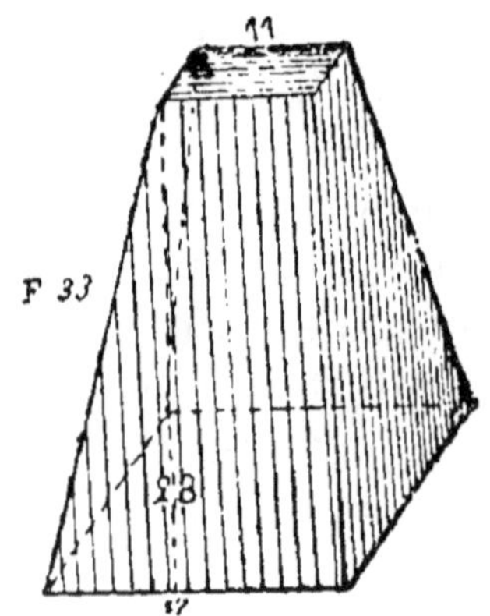

99. Si la pyramide est tronquée parallèlement à sa base, pour en avoir la surface latérale, il faut considérer chaque face comme formant un trapèze, additionner la longueur des côtés de la base avec la longueur des côtés de la partie tronquée, multiplier cette somme par la hauteur de la perpendiculaire menée entre ces côtés, et prendre la moitié du produit.

100. Nommant P le périmètre de la base p le périmètre de la partie enlevée et h la hauteur des faces,

on a pour formule : $S = \frac{(P + p)\,h.}{2}$

APPLICATION : *Quelle est la surface d'une pyramide tronquée ayant* 9 *m. de périmètre à la base,* 7 *m. de périmètre à la partie tronquée et dont les faces ont* 6 *m. de hauteur?*

$$\text{On trouve : } \frac{(P+p)\,h}{2} = \frac{(9+7)}{2} \times 6 = 48^{m}.$$

Questionnaire sur la leçon XII.

90. *Qu'est-ce que le cylindre?* — 91. *Comment obtient-on la surface du cylindre?* — 92. *Par quelle formule trouve-t-on la surface du cylindre?* — 93. *Qu'est-ce que la pyramide?*

— 94 *Quels noms donne-t-on à la pyramide?* — 95. *Comment trouve-t-on la surface latérale d'une pyramide droite?* — 96. *Où tombe la hauteur des faces d'une pyramide?* — 97. *Quelle formule emploie-t-on pour la surface d'une pyramide droite?* — 98. *Qu'appelle-t-on pyramide tronquée?* — 99. *Comment obtient-on la superficie des faces d'une pyramide tronquée?* — 100. *Par quelle formule trouve-t-on la surface d'une pyramide tronquée?*

Problèmes sur la surface du cylindre, de la pyramide et de la pyramide tronquée.

P. 92. Trouvez la surface latérale de la pyramide triangulaire : fig. 32.

P. 93. Quelle est la superficie des faces d'une pyramide hexagonale ayant 3 m. de chaque côté et 9 m. de hauteur sur ses faces?

P. 94. Combien contient de mètres carrés une pyramide pentagonale ayant 4 m. 25 de chaque côté et 8 m. 35 de hauteur sur ses faces?

P. 95. Dites la surface latérale du cylindre : figure 31.

P. 96. Quelle est la surface latérale d'un cylindre ayant 1 m. 25 de hauteur et 0 m. 60 de diamètre.

P. 97. Dites combien contient de mètres carrés la surface d'un tuyau, long de 0 m. 70 et ayant 0 m. 75 de circonférence ?

P. 98. Calculez la surface intérieure de la maçonnerie d'un puits ayant 2 m. de diamètre et 15 m. de profondeur?

P. 99. Quelle est la surface intérieure du mur d'un bassin ayant 7 m. de diamètre et 5 m. 20 de profondeur?

P. 100. Trouvez la surface latérale d'une pyramide pentagonale ayant 2 m. de chaque côté et 7 m. de hauteur sur ses faces?

P. 101. Quelle est la superficie des faces d'une pyramide pentagonale ayant 3 m. 50 de base à chaque côté et 12 m. 20 de hauteur sur chaque face ?

P. 102. Dites la surface latérale de la pyramide tronquée : fig. 33, ayant pour base un carré.

P. 103. Quelle est la surface latérale d'une pyramide triangulaire tronquée, ayant à la base 8 m. 40 de chaque côté, 5 m. 70 à la partie tronquée et 7 m. 60 de hauteur sur chaque face ?

P. 104. Combien contient de mètres carrés une pyramide octogonale tronquée, ayant 9 m. de hauteur sur chaque face, 6 m. 30 de longueur de chaque côté à la partie tronquée et 14 m. 10 à la base ?

LEÇON XIII.

Sur la surface latérale du cône, du cône tronqué et de la sphère.

101. Le cône est un corps rond dont la base est un cercle et dont la surface latérale se termine en un point appelé sommet : fig. 34, tel est un pain de sucre.

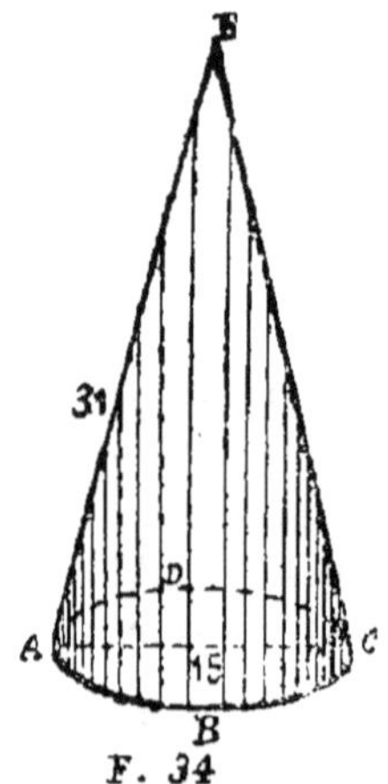

F. 34

102. Pour trouver la surface latérale du cône droit, on multiplie la circonférence de la base A B C D, fig. 34, par le côté A E, et on prend la moitié du produit : en effet, on peut regarder un cône comme une pyramide d'un nombre infini de côtés ; la surface latérale sera donc un assemblage d'une infinité de triangles dont la hauteur sera égale au côté A E, et dont le total des bases sera égal à la circonférence A B C D.

103. Nommant $2\pi R$ la circonférence et a le côté,

on a pour formule : $S = \frac{2\pi R a}{2}$ ou $S = \pi R a$.

Application. *Quelle est la surface d'un cône ayant 4 mètres de rayon et 6 mètres de côté?*

On trouve :

$$\pi R a = 3{,}1416 \times 4 \times 6 = 75^{m}\ 3984.$$

104. On appelle cône tronqué celui dont la partie vers le sommet a été enlevée : fig. 35.

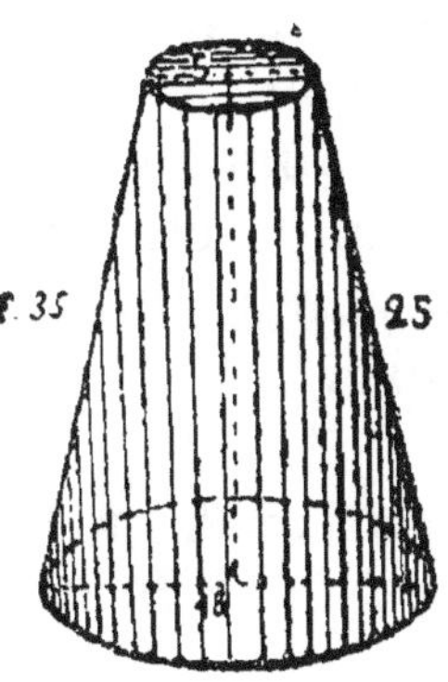

105. Si le cône est tronqué parallèlement à sa base, pour en obtenir la surface latérale, il faut multiplier la somme des deux circonférences par le côté et prendre la moitié du produit. On agit ainsi, parce qu'on peut comparer le cône tronqué à une pyramide tronquée d'un nombre infini de côtés. (Chaque face de cette pyramide représente un trapèze) (99.)

106. Nommant $2\pi R$ la circonférence de la base, $2\pi r$ la circonférence de la partie tronquée et a le côté, on a pour formule :

$S = \frac{(2\pi R + 2\pi r)\, a}{2}$ ce qui se réduit à $S = \pi a\,(R + r.)$

Application. *Quelle est la surface latérale d'un cône tronqué dont le rayon de la base est 7 mètres, celui de la partie enlevée 5 mètres et le côté 6 mètres?*

On trouve :

$$\pi\ a\ (R+r) = 3,1416 \times 6\ (7+5) = 226^{m}\,1952.$$

107. La sphère est un corps rond dont tous les points de la surface sont également éloignés d'un point intérieur appelé centre : fig. 36, comme une boule.

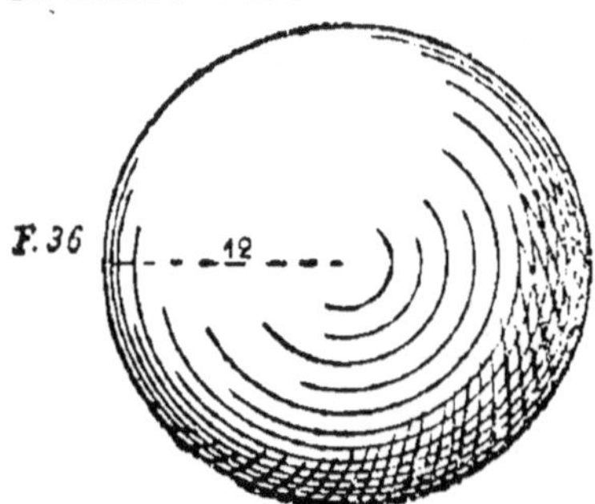

108. Pour trouver la surface d'une sphère, il faut multiplier la circonférence par le diamètre, ou quadrupler la surface du cercle qui a pour rayon celui de cette sphère.

109. La circonférence du cercle $= 2\ \pi\ R$ (24), on a donc pour formule : $2\ \pi\ R \times 2\ R$, ou $4\ \pi\ R^2$.

Application. *Quelle est la surface d'une sphère qui a 5 mètres de rayon?*

On trouve :

$$4\ \pi\ R^2 = 4 \times 3,1416 \times 5^2 = 314^{m}\,16.$$

Questionnaire sur la leçon XIII.

101. *Qu'est-ce que le cône?* — 102. *Comment obtient-on la surface latérale du cône?* — 103. *Dites la formule employée pour la surface du cône droit?* — 104. *Qu'est-ce que le cône*

tronqué ? — 105. *Comment obtient-on la surface latérale du cône tronqué parallèlement à sa base ?* — 106. *Quelle formule emploie-t-on pour la surface du cône tronqué ?* — 107. *Qu'est-ce que la sphère ?* — 108. *Comment obtient-on la surface de la sphère ?* — 109. *Quelle formule emploie-t-on pour la surface d'une sphère ?*

Problèmes sur la surface latérale du cône, du cône tronqué et de la sphère.

P. 105. Quelle est la surface du cône, fig. 34 ?

P. 106. Quelle est la surface latérale d'un cône ayant 9 m. de circonf. et 7 m. de côté ?

P. 107. On demande la superficie latérale d'un cône qui a 5 m. de rayon et 22 m. de côté ?

P. 108. Quelle est la surface latérale du cône tronqué, fig. 35 ?

P. 109. Combien contient de centim. car. la surface latérale d'un cône tronqué, si les deux diam. sont 3 m. et 4 m., et le côté 5 m. ?

P. 110. Quelle est la surface latérale d'un cône tronqué ayant 7 m. 25 de côté, 4 m. de rayon à la base et 6 m. de diam. à la partie tronquée ?

P. 111. Quelle est la surface latérale d'un cône tronqué ayant 8 m. de circonf à la partie tronquée, 2 m. de rayon à la base et 8 m. de côté ?

P. 112. Trouvez la surface de la sphère, fig. 36.

P. 113. Quelle est la surface d'une sphère ayant 6 m. de rayon ?

P. 114. Quelle est la surface d'une sphère ayant 2 m. 51328 de circonf. ?

P. 115. Dites la surface d'une sphère ayant 1 m. 40 de diam. ?

LEÇON XIV.

Remarques sur les surfaces.

* 110. Une surface est toujours le produit de plusieurs facteurs ; ainsi, lorsqu'on connaît une surface, si l'on demande un des facteurs qui a servi à la faire connaître, il faut diviser cette surface par le facteur connu ou par le produit des facteurs connus. De ce principe il arrive ce qui suit :

* 111. En extrayant la racine carrée de la surface d'un carré, on obtient la longueur d'un des côtés de ce carré : $S = a^2$ (n° 42), d'où l'on tire : $a = \sqrt{S}$.

* 112. En divisant la surface d'un rectangle par un de ses côtés, on obtient l'autre côté : $S = ab$

(n° 52), d'où l'on tire : $a = \frac{S}{b}$ et $b = \frac{S}{a}$

* 113. En divisant le double de la surface d'un trapèze par la somme de ses côtés, on obtient la hauteur de ce trapèze, et en divisant la surface par la hauteur, on obtient la longueur moyenne

des côtés : $S = \frac{(a+b)}{2} h$ (n° 66), d'où l'on tire :

$$h = \frac{2S}{a+b}\,;\ \frac{a+b}{2} = \frac{S}{h}\,;\ a = \frac{2S}{h} - b;\ b = \frac{2S}{h} - a$$

* **114.** En divisant le double de la surface d'un triangle par la hauteur h, on obtient la base a, et en divisant le double de la surface par la base on obtient la hauteur : $S = \frac{ah}{2}$ (n° 62), d'où l'on tire : $a = \frac{2S}{h}$ et $h = \frac{2S}{a}$

* **115.** En divisant la surface latérale d'un cylyndre par la hauteur, on obtient la circonf. ; si on divise cette surface par la circonf , on obtient la hauteur : $S = 2\pi RH$ (n° 92), d'où l'on a : $2\pi R$ ou $C = \frac{S}{H}$ et $H = \frac{S}{C}$

* **116.** En divisant la surface d'un cercle par 3,1416, et extrayant la racine carrée du quotient, on obtient le rayon de ce cercle : $S = \pi R^2$ (n° 78), d'où l'on a $R = \sqrt{\frac{S}{\pi}}$

* **117.** En divisant la surface d'une sphère par le produit de 3,1416 par 4, et extrayant la racine carrée du quotient, on obtient le rayon de cette sphère : $S = 4\pi R^2$ (n° 109),

d'où l'on a : $R = \sqrt{\frac{S}{4\pi}}$

Il est inutile d'étendre ces remarques sur les surfaces latérales de la pyramide et du cône, puisqu'en principe elles sont comparées à la surface du triangle.

Questionnaire sur la leçon XIV.

110. *Connaissant une surface et un des facteurs qui l'a produite, que faut-il faire pour connaître l'autre facteur ?* — 111. *Comment trouve-t-on la longueur des côtés d'un carré dont on connaît la surface ?* — 112. *Comment trouve-t-on un des côtés d'un rectangle dont on connaît la surface et l'autre côté ?* — 113. *Que fait-on pour trouver la largeur d'un trapèze dont on connaît la surface et les deux côtés ?* — 114. *Comment trouve-t-on la base d'un triangle dont on connaît la surface et la hauteur ?* — *Comment en trouve-t-on la hauteur lorsqu'on connaît la surface et la base ?* — 115. *Comment obtient-on la circonf. d'un cylindre dont on connaît la surface et la hauteur ?* — *Comment en trouve-t-on la hauteur lorsqu'on connaît la surface et la circonf ?* — 116. *Comment trouve-t-on le rayon d'un cercle dont on connaît la surface ?* — 117. *Comment trouve-t-on le rayon d'une sphère dont on connaît la surface ?*

Problèmes divers sur les surfaces.

* P. 116. Quelle est la longueur de chaque côté d'un carré qui a 97344 m. carrés ?

* P. 117. Un carré a 26 m. car. 8324 de surface, quelle est la longueur de chacun de ses côtés ?

* P. 118. Quelle est la largeur d'un rectangle qui a 618 m. de longueur, et 44496 m. car. de surface ?

* P. 119. Une pièce de terre en forme de rectangle contient 24 hectares 26 ares 76, la largeur de ce rectangle est de 324 m., quelle en est la longueur ?

* P. 120. Une propriété, présentant la forme d'un triangle, contient 1 hect. 16 ares 48, elle a 728 m. de base, quelle en est la hauteur ?

* P. 121. Un triangle de 7 m. 80 de hauteur contient 19 m. car., 11 de surface, quelle en est la base ?

* P. 122. Un trapèze a pour surface 137 m. car. 36, et pour côtés parallèles 7 m. 49 et 8 m. 67, quelle en est la largeur ?

* P. 123. Un cercle a 201 m. car., 0624 de surface, uel en est le rayon ?

* P. 124. Quelle est la circonf. d'un cercle qui a 907 m. car., 9224 de surface ?

* P. 125. Une pyramide rectangulaire a 336 m. car. de surface latérale, la base a 8 m. de long sur 7 m. de large, quelle est la hauteur de ses faces ?

* P. 126. Quelle est la hauteur d'un cylindre qui a 72 m. de surface latérale et 9 m. de circonf. ?

* 127. Quelle est la circonf. d'un cylindre qui a 197 m. car. 8830 de surface latérale et 7 m. de hauteur ?

* P. 128. Dites le rayon d'une sphère qui a 1071 m. 5136 de surface ?

* P. 129. Dites la circonf. d'une sphère qui a 452 m. 3904 de surface ?

* P. 130. Quel est le diam. d'un cône qui a 9 m. de côté et 70 m. 6860 de surface ?

* P. 131. Quatre personnes ont à se partager une pièce de terre en forme de rectangle : cette pièce a 148 m. de long et 92 m. de large ; dites la contenance que chacune doit avoir, et à quelles distances sur la largeur, elles devront planter des bornes ?

* P. 132. Trois personnes ont à se partager un triangle qui contient 13 ares 42, on demande la longueur de la base de ce triangle, et à quelles distances seront mises les bornes sur cette base, sachant qu'il a 56 m. de hauteur ?

* P. 133. Quelle sera la longueur de chaque côté d'un carré qui devra égaler en superficie un trapèze dont les deux côtés sont 112 m. et 98 m., et la hauteur 73 m. ?

* P. 134. Quelle sera la longueur d'un rectangle de 79 m. de large et qui contient 6557 m. carrés ?

* P. 135. Une pyramide a 112 m. car. de surface latérale, le contour a 32 m., quelle est la hauteur de ses faces ?

* P. 136. Un rectangle a 45 m. de longueur et 36 m. de largeur : si l'on voulait qu'il contînt 20 ares 25, quelle largeur faudrait-il lui donner?

* P. 137. Un cube contient 54 m. car. de surface, quelle est la longueur de chacun de ses côtés ?

* P. 138. On a payé 942 fr. 48 pour la maçonnerie du mur d'un bassin circulaire, à raison de 15 fr. le m. car. ; ce bassin a 4 m. de hauteur, quel en est le diam. ?

* P. 139. Un cylindre a 47 m. car. 1240 de surface latérale, la hauteur est 5 m., quelle en est le diamètre ?

* P. 140. On demande la longueur de deux côtés parallèles d'un trapèze, sachant que leur différence est 4 m., la surface 60 m. car. et la hauteur 6 m. ?

LEÇON XV.

Remarques sur le mesurage des surfaces des terrains.

Pour tracer des perpendiculaires sur le terrain, on se sert d'un instrument appelé équerre d'arpenteur, fig. 37. Cet instrument est en cuivre, il a la forme d'un prisme octogonal, présentant une fente verticale au milieu de chaque face, devant servir à conduire le rayon visuel. S'il est nécessaire, par exemple, d'abaisser une perpendiculaire du sommet C sur la base A B du triangle, *fig.* 38, on fixe dans la terre le

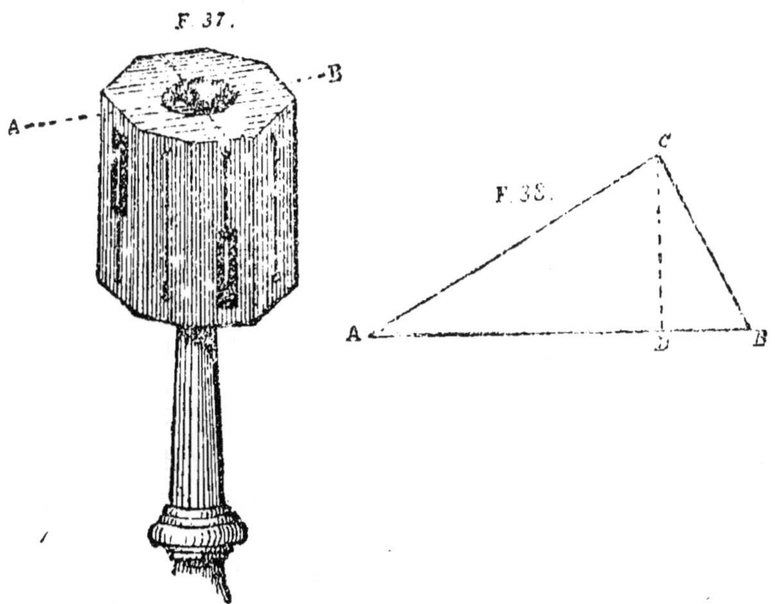

manche de l'équerre sur le point de la ligne A B

où l'on pense que sera le pied de la perpendiculaire ; ensuite regardant par les fentes qui font un angle droit avec la ligne A B, on dirige l'équerre, toujours sur la base, de droite à gauche, ou de gauche à droite, jusqu'à ce qu'on aperçoive le point C ; lorsque ce point est trouvé l'équerre est à l'endroit même où doit tomber la perpendiculaire.

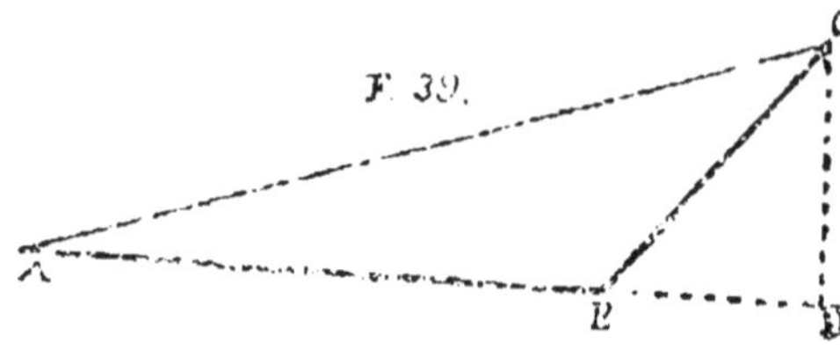

Si l'on avait à mesurer un triangle comme celui de la fig. 39 et que l'on voulût prendre pour base le côté A B, il faudrait prolonger cette base, et ensuite abaisser de C en D une perpendiculaire qui serait la hauteur.

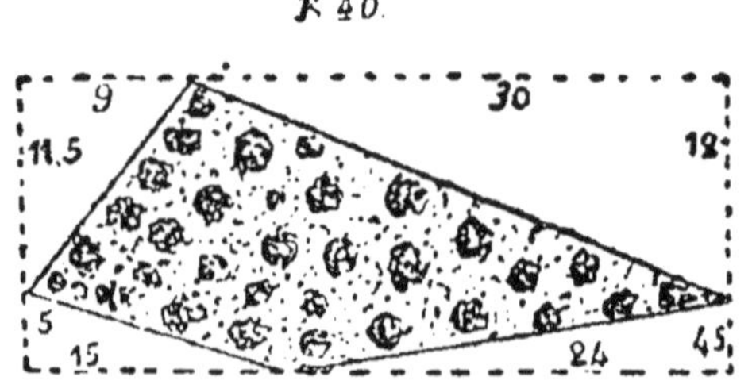

Si l'on ne pouvait mener les perpendiculaires nécessaires dans l'intérieur d'un terrain impénétrable, comme un bois, il faudrait envelopper ce terrain dans une figure géométrique, dont on trouverait la surface, ensuite on en retrancherait les superficies empruntées : fig. 40.

Si la figure à mesurer était terminée par des sinuosités, comme la fig 41, il faudrait élever autant de perpendiculaires qu'il serait nécessaire pour que les courbes comprises entre ces perpendiculaires pussent être regardées, sans erreur sensible, comme des lignes droites.

F. 41.

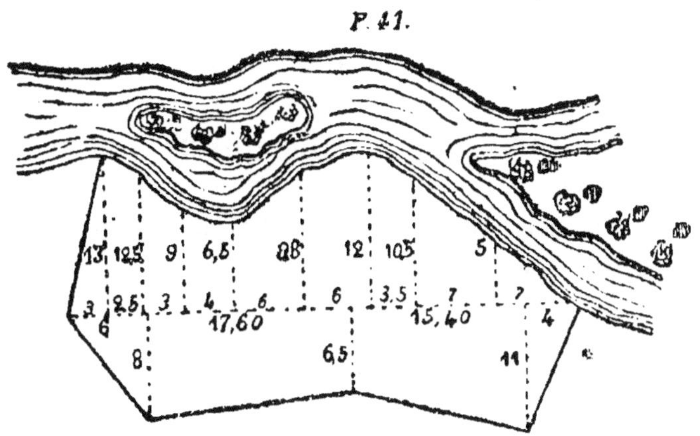

Si l'on avait à mesurer un terrain incliné, il faudrait faire attention à tenir toujours la chaîne dans une position horizontale.

P. 141. Trouvez la surface du bois fig. 40.
P. 142. Trouvez la surface de la fig. 41.

LEÇON XVI.

Du volume des corps ou de l'étendue considérée sous les trois dimensions : longueur, largeur et hauteur (nos 79 et 80).

118. Mesurer le volume d'un corps, c'est déterminer combien de fois il contient un autre volume pris pour unité.

119. L'unité à laquelle on compare les volumes s'appelle mètre cube ; c'est un cube qui a 1 m. de long, 1 m. de large et 1 m. de haut.

120 Le mètre cube n'a pas de multiples, ses sous-multiples sont :

1o Le décim. cube, cube qui a 1 décim. de chaque côté ;

2o Le centim. cube, cube qui a 1 cent. de chaque côté ;

3o Le millim. cube, cube qui a 1 millim. de chaque côté (1).

LEÇON XVII.

Sur le volume du cube, du parallélipède, du prisme et du cylindre (nos 82,85, 89, 90).

121. Pour trouver le volume du cube, du parallélipède, du prisme et du cylindre, on multiplie la surface de la base par la hauteur : En

(1) Un décim. cube, étant le millième du m. cube, s'écrit 0m, 001.

Un centim. cube, étant le millionième du m. cube, s'écrit 0m, 000001.

Un millim. cube, étant le billionième du m. cube s'écrit 0m, 000000001.

effet, supposons que le cube, fig. 42 ait un m.

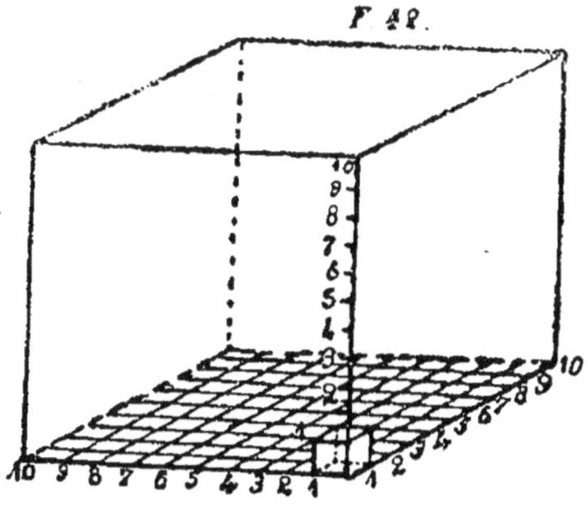

ou 10 décim. linéaires de chaque côté, la surface de sa base contiendra 100 décim. car. (n° 41), on pourra diviser la hauteur en 10 tranches d'un décim. de hauteur chacune, chaque tranche contiendra donc 100 petits volumes qui auront un décim. de côté, et les 10 tranches en contiendront ensembre 100 $\times$ 10 = 1000.

Pour trouver ce volume, on a multiplié la longueur par la largeur et ensuite par la hauteur. On voit donc que pour trouver le volume d'un cube, il faut élever la longueur du côté à la 3me puissance.

122. Nommant a le côté d'un cube et *S. base* la surface de la base, on a pour formule : V = S. base $\times$ a, ou plus simplement : $V = a^3$.

APPLICATION : *Quelle est le volume d'un cube ayant* 1m. 50 *de côté?*

On trouve : $a^3 = 1,5 \times 1,5 \times 1,5 = 3^m\,375$.

123. De ce qui précède, on voit qu'un m. cube contient 1000 décim. cubes ; qu'un décim. cube, qui est un volume ayant un décim. de chaque côté, contient 1000 centim. cubes ; et

qu'un centim. cube contient 1000 millim. cubes.

124 Le litre est l'unité des mesures pour les liquides et les matières sèches, c'est un volume dont la capacité est d'un décimètre cube ; le m. cube contient donc 1000 litres.

125. Les multiples du litre sont :

1° Le décalitre qui vaut 10 litres.
2° L'hectolitre » 100 »
3° Le kilolitre » 1000 »

Les sous-multiples sont :

1° Le décilitre, 0 lit. 1, qui égale la dixième partie du litre ;
2° le centilitre 0 lit. 1, qui égale la centième partie du litre.

Les mesures effectives de capacité sont :

1°	L'hectolitre ou	100	lit.
2°	Le demi-hectolitre	50	»
3°	Le double décalitre	20	»
4°	Le décalitre	10	»
5°	Le demi-décalitre	5	»
6°	Le double litre	2	»
7°	Le litre	1	»
8°	Le demi-litre	0,5	
9°	Le double décilitre	0,2	
10°	Le décilitre	0,1	
11°	Le demi-décilitre	0,05	
12°	Le double centilitre	0,02	
13°	Le centilitre	0,01	

126. L'unité des poids s'appelle gramme ; c'est le poids d'un centimètre cube d'eau ; un décimètre cube ou un litre, qui en contient 1000, pèse donc 1000 grammes (1).

127. Les multiples du gramme sont :

1° Le décagramme	qui pèse	10	grammes.
2° L'hectogramme	»	100	—
3° Le kilogramme	»	1000	—
4° Le myriagramme	»	10000	—

Les sous-multiples sont :

1° Le décigramme qui égale la dixième partie du gramme ;

2° Le centigramme qui égale la centième partie du gramme ;

3° Le milligramme qui égale la millième partie du gramme.

Les poids en usage se composent comme les mesures de capacité, c'est-à-dire que chaque multiple ainsi que chaque sous-multiple, a son double et sa moitié.

128. Le mètre cube servant à mesurer les bois de chauffage s'appelle stère.

129. Le stère n'a qu'un multiple : le décastère qui contient dix stères ; et qu'un sous-multiple : le décistère qui est la dixième partie du stère.

(1) Il ne faut pas croire qu'un centimètre cube d'eau, prise dans quelque condition que ce soit, pèse un gramme exactement ; il est nécessaire que cette eau soit distillée, ramenée à son maximum de densité, ce qui est à 4 degrés au-dessus de zéro, et pesée dans le vide, c'est-à-dire dans un espace privé d'air.

On ne doit pas confondre décistère avec décimètre cube : 1 décistère, c'est le dixième du stère et s'écrit 0 st. 1, tandis que 1 décimètre cube, c'est le millième du mètre cube et s'écrit 0 m. 001.

130. Le raisonnement pour le volume du parallélipipède, du prisme et du cylindre est le même que pour le volume du cube (nº **121**) ; ainsi, pour le volume de ces corps on se servira de la même formule : $V = S.$ base $\times$ H, ce qui donne : pour le cube, $V = a^3$; pour le prisme, $V = S.$ base $\times H$; pour le parallélipipède, $V = a\ b\ c$; pour le cylindre, $V = \pi R^2 H$.

APPLICATION. *Quel est le volume d'un parallélipipède ayant 1 m. 60 de long. 0 m. 30 de large et 0 m. 20 de haut?*

On trouve :

$S.$ base$\times H$ ou $a\ b\ c = 1{,}60 \times 0{,}30 \times 0{,}20 = 0^m096$.

Quel est le volume d'un prisme dont la base est un triangle ayant pour base 0 m. 30, pour hauteur 0m.20, si la hauteur de ce prisme est de 0 m. 80?

On trouve :

$$S.\text{ base} \times H = \frac{0{,}3 \times 0{,}2}{2} \times 0{,}80 = 0^m\ 024.$$

Quel est le volume d'un cylindre ayant 0 m. 40 de rayon et 3 m. de hauteur?

On trouve :

S base, qui est πR^2, $\times H = 3{,}1416 \times 0{,}4 \times 0{,}4 \times 3 = 1^m$ 507968 centimètres cubes.

Questionnaire sur la XVIe et la XVIIe leçon.

118. *Qu'est-ce que mesurer un volume ?* — 119. *Quelle est l'unité des mesures des volumes ?* — 120 *Quels sont les multiples et les sous-multiples du m. cube ?* — 121. *Comment obtient-on le volume du cube ?* — 122. *Quelle formule emploie-t-on pour le volume du cube ?*—123. *Combien le m. cube contient-il de décim. cubes ?*— 124. *Qu'est-ce que le litre ?* — 125 *Quels sont les multiples et les sous multiples du litre ?* — *Quelles sont les mesures effectives de capacité ?* — 126. *Qu'est-ce que le gramme ?* — *Quels rapports existent entre le m. cube, le litre et le gramme ?* - 127. *Quels sont les multiples et les sous-multiples du gramme ?* - *Quels sont les poids effectifs ?* - 128. *Qu'est-ce que le stère ?* - 129. *Quels sont les multiples et les sous-multiples du stère ?* - 130 *Comment obtient-on le volume du parallélipipède, du prisme et du cylindre ?* — *Quelles formules emploie-t-on pour le volume du cube, du parallélipipède, du prisme et du cylindre ?*

Problèmes sur les mesures des volumes, sur le volume du cube, du parallélipipède, du prisme et du cylindre.

P. 143. Additionnez en prenant le mètre cube pour unité : 1° 6 décim. cubes (1) ; 2° 37 dixièmes de mètres cubes ; 3° 28 centim. cubes ; 4° 65 décim. cubes.

P. 144. Additionnez les quantités du problème précédent, en prenant le décim cube pour unité.

P. 145. Additionnez 306 décim. cubes, 28 décim. cubes, 35 centièmes de mètre cube, 752 dixièmes de mètres cubes et 7 décim. cubes.

P. 146. Réduisez en centim. cubes : 3 mètres cubes 7 dixièmes, 89 décim. cubes, 8 centièmes de

(1) Il faut remarquer que les dixièmes de mèt. cub. ne sont pas des décim. cub. et que les centièmes de m. cub. ne sont pas des centim. cub.; ainsi l'on écrit :
1 dixième de mèt. cub. 0, 1 ; 1 décim. cub. 0 m, 001 ;
1 centième de mèt. cub. 0 , 01 ; 1 centim cub. 0 m. 0 0001
1 millième de m. cub. 0,001; 1 millim. cub. 0 m. 000000001.

décim. cube, 7281 millièmes de mètre cube, 1/2 m. cube, et dites le total.

P. 147. Combien font de mètres cubes. 5 mètres cubes, 18 décim. cubes, 28 stères, 3 décistères, 4 décast., 57 décist., 8718 décim. cubes, 36 dixièmes de mètre cube et 3 stères 5 dixièmes?

P. 148. Combien font de litres 37 mètres cubes?

P. 149. Combien font de décalitres 875 décim. cubes?

P. 150. Combien font de doubles décal. 3 mètres cubes?

P. 151. Combien pèsent 35 décim. cubes d'eau?

P. 152. Combien font de décilitres 8 décim. cubes?

P. 153. Combien y a-t-il de mètres cubes dans 3712 décim. cubes?

P. 154. Combien pèsent 7 dixièmes de mètre cube d'eau?

P. 156. Quel est le volume qui égale le poids de 78 hectogrammes d'eau?

P. 157. Quel est le volume qui égale le poids de 148 grammes d'eau?

P. 158. Dites combien pèse 378 doubles décal. d'eau?

P. 159. Combien font de centil. 23 décim. cubes?

P. 160. Quel est le volume de 125 litres d'eau?

P. 161. Quel est le vol. de 14 décil. d'eau?

P. 162. Dites ce que pèsent 3 centièmes de m. cub. d'eau.

P. 163. Combien pèsent 28 dixièmes de décim. cubes d'eau?

P. 164. Trouvez le volume du cube, fig. 28.

P. 165. Trouvez le volume d'un cube qui a 9 m. 50 de chaque côté.

P. 166. Trouvez le volume du parallélipipède, fig. 29.

P. 167. Quel est le volume d'un parallélipipède ayant 5. m. de long, 2 m. de haut et 1 m. 80 de large ?

P. 168. Quel est le volume d'un parallélipipède ayant 3 m. 25 de de long, 0 m. 35 de haut et 0 m. 42 de large ?

P. 169. Trouvez le volume d'un mur qui a 15 m. de long, 6 m 30 de de haut et 0 m. 45 d'épaisseur ?

P. 170. Trouvez le volume du cylindre. fig. 31.

P. 171. Quel est le volume d'un cylindre ayant 1 m. 25 de hauteur et 0 m. 60 de diam. ?

P. 172. Quel est le volume de la maçonnerie du fond d'un bassin ayant 0 m. 40 de haut et 15 m. 708 de circonférence ?

P. 173. Combien contient de litres une citerne ronde ayant 9 m. 4248 de circonf. et 4 m. de hauteur ?

P. 174. Dites ce qu'il y a d'eau dans un puits qui a 1 m. 20 de diam., si l'eau s'élève à 1 m. 30.

P. 175. Combien coûteront 6 pièces de bois ayant chacune 0 m. 15 de rayon et 5 m. de longueur, à raison de 0 f. 15 le décim. cube?

LEÇON XVIII.

Sur le volume de la pyramide, du cône, de la sphère, de la pyramide tronquée et du cône tronqué (nos 93, 101, 107, 98 et 104).

131. Pour obtenir le volume d'une pyramide droite, il faut multiplier la surface de la base

A B C ; fig. 43 par la hauteur E F et prendre le tiers du produit : en effet, le volume d'une pyramide est égal au tiers du volume d'un prisme ou d'un parallèlipipède ayant même base et même hauteur que cette pyramide.

132. Nommant *S. base*, la surface de la base d'une pyramide et H. la hauteur, on a pour formule : $V = \frac{S.\ base \times H}{3}$

APPLICATION : *Quel est le volume d'une pyramide droite, dont la base est un rectangle de 2 m. de long, sur un m. 1 m. 50 de large, si la hauteur de cette pyramide a 5 m. ?*

On trouve :

$$\frac{S.\ base \times H}{3} = \frac{2 \times 1,5 \times 5}{3} = 5 \text{ m. cubes.}$$

133. Pour obtenir le volume d'un cône droit

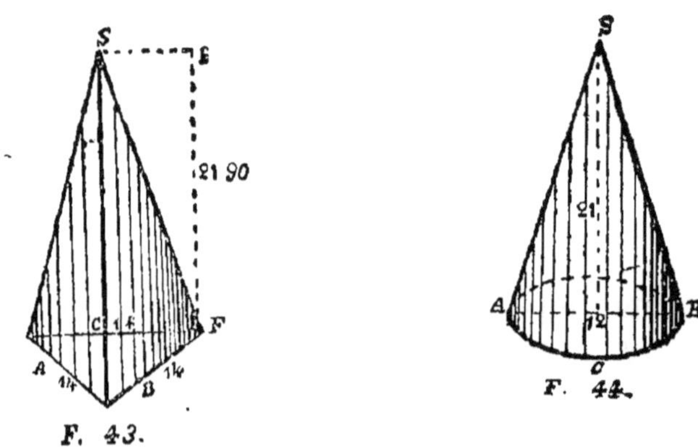

F. 43.
F. 44.

on opère comme pour la pyramide : en effet, la

base du cône peut être considérée comme celle d'une pyramide qui aurait un nombre infini de côtés dont la somme égalerait la circonférence qui sert de base à ce cône.

134. Lorsqu'il s'agit du volume de la pyramide et du cône, on entend par hauteur une ligne tombant du sommet perpendiculairement sur la surface de la base.

135. Nommant la surface de la base d'un cône πR^2, et H la hauteur, on a pour formule :

$$V = 1/3 \times S \text{ base} \times H \text{ ou } V = 1/3\, \pi R^2 H.$$

APPLICATION : *Quel est le volume d'un cône droit ayant 4 m. de rayon et 8 m. de hauteur?*

On trouve :

$$1/3\, \pi R^2 H = 1/3 \times 3{,}1416 \times 4^2 \times 8 = 131^{m}\,041600$$

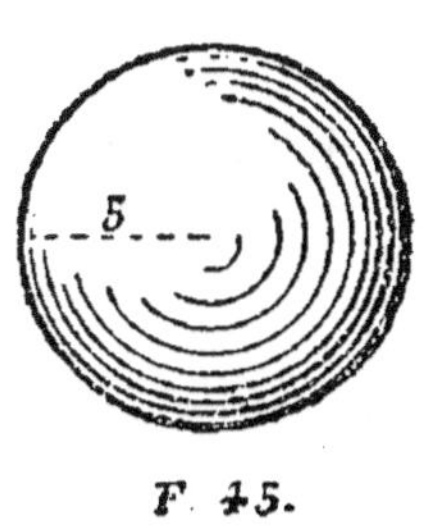

F. 45.

136. Pour obtenir le volume d'une sphère, on multiplie la surface de cette sphère par le rayon et on prend le tiers du produit : en effet, on peut considérer une sphère comme composée d'un grand nombre de pyramides qui auraient chacune leur sommet au centre de cette sphère, et dont la somme des surfaces des bases égalerait la surface de cette même sphère.

137. Le calcul du volume de la sphère revient à multiplier le cube du rayon par le résultat de la multiplication de 3,1416 par 4/3 ; en effet, sup-

posons une sphère de 5 m. de rayon, dont on cherche le volume. On multipliera 5 par 2 pour avoir le diam., ensuite le diam. par 3,1416, pour avoir la circonf., et la circonf. par le rayon 5, et on prendra la moitié ; on aura ainsi la surface du cercle ayant pour diam. celui de la sphère (n° 77), puis on multipliera cette surface par 4, et on trouvera la surface de la sphère (n° 108), multipliant enfin la surface de cette sphère par le rayon 5 et prenant le tiers du produit, on obtiendra le volume cherché. Voici le résumé de ces calculs :

$$\text{Diamètre} = 5 \times 2$$

$$\text{Circonférence} = 5 \times 2 \times 3{,}1416$$

$$\text{Surf. d'un grand cercle} = \frac{5 \times 2 \times 3{,}1416 \times 5}{2}$$

$$\text{Surf. de la sphère} = \frac{5 \times 2 \times 3{,}1416 \times 5 \times 4}{2}$$

$$\text{Vol. de la sphère} = \frac{5 \times 2 \times 3{,}1416 \times 5 \times 4 \times 5}{2 \times 3}$$

Supprimant le facteur 2 dans l'un et l'autre membre de la division, on obtient :

$$V = \frac{4 \times 3{,}1416 \times 5^3}{3}$$

138. En conséquence de ce qui précède, on a pour formule du volume de la sphère :

$$V = 4/3\ \pi\ R^3$$

APPLICATION : *Quel est le volume d'une sphère de* 0m 07 *de rayon?*

On trouve :

$$4/3\ \pi\ R^3 = \frac{4 \times 3{,}1416 \times 0{,}07^3}{3} = 0{,}0014367584$$

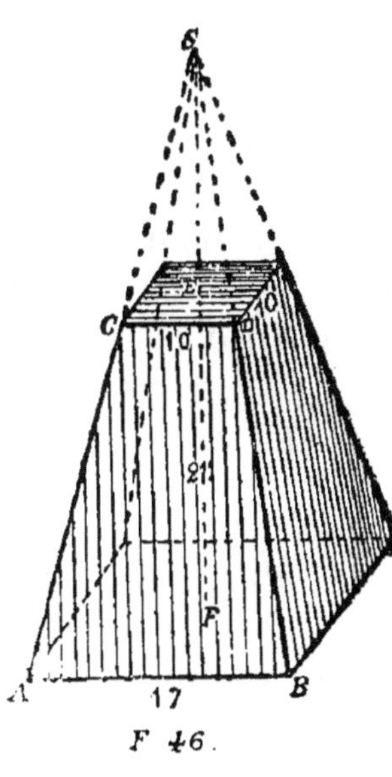

F 46.

139. Pour obtenir le volume d'une pyramide tronquée parallèlement à sa base, il faut ôter le volume de la partie enlevée du volume de la pyramide entière; le reste exprimera le volume cherché.

140. Pour connaître le volume de la pyramide entière, il faut d'abord avoir la hauteur de la partie enlevée par cette proportion : la longueur d'un des côtés de la base AB, fig. 46, moins la longueur CD, est à la hauteur EF, comme la longueur de la partie tranchée CD est à la hauteur inconnue SE. Ceci se réduit à multiplier un des côtés de la base par la hauteur donnée et à diviser le produit par la différence du côté de la base ci-dessus à la base du même côté de la partie enlevée.

141. On démontre encore en géométrie, que le volume d'une pyramide tronquée est égal au volume de trois pyramides ayant chacune, pour hauteur, la hauteur du tronc et pour base : la première, la base inférieure du tronc ; la deuxième, la base supérieure, et la troisième une moyenne proportionnelle entre ces deux bases. Or, pour trouver cette moyenne proportionnelle, on fait la proportion suivante : la surface de la base inférieure : x : : x : à la surface de la base supérieure. Faisant les opérations, on multiplie les surfaces des deux bases l'une par l'autre et on extrait la racine carrée du produit.

142. Nommant B la surface de la base inférieure, b la surface de la base supérieure, et H la hauteur du tronc, on a pour formule :

$$V = \frac{B + b + (\sqrt{B \times b})\,H}{3}$$

APPLICATION : *Quel est le volume d'une pyramide tronquée parallèlement à sa base, sachant que la base de cette pyramide est un carré ayant 2m5 de chaque côté, et qu'à la partie tronquée elle a 1m80, si la hauteur est de 7m ?*

$$\text{On trouve : } \frac{B+b+(\sqrt{B\times b})\,H}{3}$$

$$= \frac{2{,}5^2+1{,}8^2+(\sqrt{2{,}5^2\times 1{,}8^2})\times 7}{3} = 32^m643$$

Voici les calculs que l'on aurait à faire pour résoudre ce problème, en suivant le moyen indiqué aux n°s 139 et 140 :

2,5—1,80=0,7; 0,7 : 7 : : 1,8 : $x = 18^{m}$ pour la hauteur inconnue. Ajoutant 18^{m} à 7^{m} de hauteur connue, on a 25^{m} pour la hauteur de la pyramide entière. Le volume en sera :

$\frac{2,5^2 \times 25}{3} = 52^{m}083$. Puis on a pour le volume

enlevé $\frac{1,8^2 \times 18}{3} = 19^{m}44$. Retranchant un vol.

de l'autre, on trouve pour réponse : $32^{m}643$.

Comme ce dernier moyen demande des calculs plus simples, on conseille de l'employer. Nommant A un des côtés de la base, *a* le même côté de la base de la partie enlevée, H la hauteur connue et *h* la hauteur inconnue, on fait la proportion suivante : A — *a* : H : : *a* : *x*, ce qui donne *h* ou hauteur inconnue, et on a pour for-

mule : $V = \frac{B \times (H+h)}{3} - \frac{b \times h}{3}$

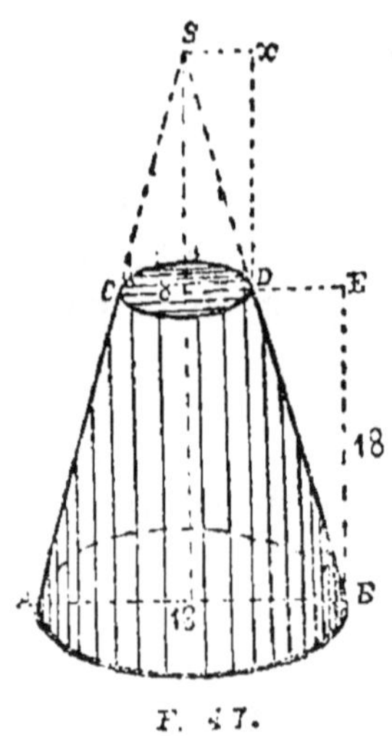

F. 47.

143. Le volume d'un cône tronqué parallèlement à sa base s'obtient de la même manière que celui de la pyramide tronquée ; la hauteur de la partie enlevée se trouve par cette proportion : le grand diamètre A B, fig. 47, moins le petit diam. C D, est à la hauteur connue BE, comme le petit diam. CD est à la hauteur inconnue D x.

144. Les moyens indiqués aux n^{os} **141** et **142** pour trouver le volume d'une pyramide tronquée, s'appliquent aussi pour le volume du cône tronqué ; ainsi, on a pour formule : $V = 1/3\ [B + b + \sqrt{(Bb)}]$ H, mais comme B et b sont des cercles, on a :

$$V = 1/3\ [(\pi R^2 + \pi r^2) + (\sqrt{\pi R^2 \times \pi r^2})]\ H.$$

Cette dernière formule se réduit à celle-ci, beaucoup plus simple :

$$V = 1/3\ \pi H\ (R^2 + r^2 + Rr).$$

APPLICATION : *Quel est le volume d'un cône tronqué parallèlement à sa base, ayant* 5^m *de rayon à la partie inférieure,* 3^m *à la partie supérieure et* 4^m *de hauteur?*

Suivant la règle exprimée au n° **143**, on trouve la hauteur inconnue par cette proportion, nommant D le diam. de la base, d le diam. de la partie enlevée, H la hauteur connue et h la hauteur inconnue :

D — d : H : : d : h, d'où : h = H d : (D — d) = 4 × 6 : (10 — 6) = 6 mètres de hauteur inconnue ; la hauteur totale égale donc 6 + 4 = 10^m.

On a maintenant pour formule :

V = 1/3 π R² (H + h) — (1/3 π r^2 h) = (1/3 × 3,1416 × 5² × 10) — (1/3 × 3,1416 × 3² × 6) = 205^m 251200 cent. cubes.

Usant de la formule la plus simple, on obtient le même résultat :

V = 1/3 π H (R² + r^2 + R r) = 1/3 × 3,1416 × 4 [(5² + 3² + (5 × 3)] = 205^m 251200.

LEÇON XIX.

Sur le polyèdre et la densité des corps.

145. On appelle polyèdre tout corps pouvant se décomposer en autant de pyramides qu'il a de côtés, ayant chacune leur sommet au centre de ce corps. Il est régulier s'il a toutes ses faces égales. On l'appelle tétraèdre lorsqu'il a quatre faces; hexaèdre, s'il en a six; octaèdre, s'il en a huit ; dodécaèdre, s'il en a douze, et icosaèdre, s'il en a vingt.

146. Pour trouver le volume d'un polyèdre régulier, on décompose ce polyèdre en autant de pyramides qu'il a de faces.

147. Si le polyèdre est irrégulier, il peut toujours être décomposé en pyramides et en pris-

mes; on évalue ces volumes séparément et on les additionne ensemble.

148. Si le polyèdre est d'un petit volume, on peut le plonger dans un vase contenant assez d'eau pour le couvrir entièrement, et on calcule le volume d'eau qu'il déplace.

APPLICATION : *On a un corps très irrégulier dont on veut connaître le volume. Pour cela, on le plonge dans un vase cylindrique contenant de l'eau ; celle-ci s'élève à 0m05 au-dessus de son niveau primitif ; quel est le volume du corps immergé, sachant que le rayon du vase cylindrique est de 0m08 ?*

Solution :

$$\pi R^2 H = 3,1416 \times 0,08^2 \times 0,05 = 0,001005312.$$

148 *bis*. Si l'on veut connaître le poids d'un corps, il suffit de multiplier son volume réduit en décim. cubes par sa densité (1); ainsi appelant P le poids d'un corps, V son volume et D sa densité, on a pour formule : P = VD.

APPLICATION : *Quel serait le poids du corps désigné dans le problème précédent si ce corps était en fer, sachant que la densité de ce métal est 7,829?*

On obtiendrait :

$$VD = 1,005312 \times 7,829 = 7 \text{ k. } 871 \text{ g.}$$

(1) On appelle densité le rapport du poids au volume d'un corps.

Tableau des densités de diverses substances.
(Genieys).

Substance	Densité
Terre ou sable de bruyère, de . .	0,614 à 0,643
Terre forte, graveleuse, de. . . .	1,357 à 1,428
Argile, de.	1,656 à 1,756
Sable fin et sec, de.	1,399 à 1,428
Chaux vive sortant du four, de. . .	0,800 à 0,857
Chaux éteinte, de.	1,328 à 1,428
Mortier de chaux et sable, de . .	1,856 à 2,142
Brique, de.	1. à 1,471
Plâtre cuit battu, de	1,199 à 1,228
— gâché humide, de.	1,571 à 1,599
Pierre à bâtir, tendre, de. . . .	1,142 à 1,713
Ciment de terre cuite, de. . . .	1,171 à 1,228
Pierre liais doux et roche, de . .	2,142 à 2,284
Maçonnerie fraiche en moellons. .	2,240
Maçonnerie fraîche en brique. . .	1,870
Granit, de	2,356 à 2,956
Houille, de.	0,912 à 1,328
Or.	19,065
Argent.	11,494
Cuivre rouge.	8,788
Cuivre jaune, laiton fondu. . . .	12,671
Fer fondu.	7,202
Fer forgé.	7,788
Acier non trempé	7,829
Acier écroui trempé.	7,813
Etain pur de Cornwall fondu. . .	7,287
Etain commun fondu.	7,915
Plomb fondu.	11,346
Zinc fondu.	7,138
Mercure.	13,560
Platine.	21,039

149. Pour obtenir le volume d'un arbre en grume, voici la méthode employée dans beaucoup d'endroits : on prend le quart de la circonférence mesurée au milieu de l'arbre, on multiplie ce quart par lui-même et par la hauteur. Ce moyen est loin d'être exact, il donne un volume beaucoup au-dessous de la vérité, mais il satisfait en ce sens qu'on ne tient nul compte de l'écorce.

APPLICATION : *Un charpentier a acheté un tronc d'arbre en grume, ayant cinq m. de long, et mesurant au milieu 0 m. 60 de circonférence, quel en est le volume?*

$$\left(\frac{0,60}{4}\right)^2 \times 5 = 0 \text{ m. } 112500 \text{ centim. cub.}$$

Questionnaire sur la XVIIIe et la XIXe leçon.

131. *Comment obtient-on le vol. d'une pyramide droite?* — 132. *Dites la formule employée pour le vol. de la pyramide droite?* 133. *Comment obtient-on le vol. d'un cône droit?* — 134. *Dites la formule employée pour le vol. du cône droit?* — 135. *Qu'entend-on par hauteur, lorsqu'il s'agit du vol. de la pyramide et du cône droit?* — 136. *Comment obtient-on le vol. d'une sphère?* — 137. *Quel est le calcul le plus simple pour obtenir le vol. d'une sphère?* — 138. *Quelle formule emploie-t-on pour le vol. d'une sphère?* — 139. *Comment trouve-t-on le vol. d'une pyramide tronquée parallèlement à sa base?* — 140. *Comment trouve-t-on la hauteur de la partie enlevée de la pyramide tronquée?* — 142. *Quel est la formule la plus simple que l'on emploie pour le vol. de la pyramide tronquée?* — 143, 144. *Comment trouve-t-on le vol. d'un cône tronqué parallèlement à sa base, et comment en obtient-on la hauteur inconnue?* — 144. *Quelle est la formule la plus simple employée pour le vol. du cône tronqué?* — 145. *Qu'appelle-t-on polyèdre?* — 146. *Comment trouve-t-on le vol. d'un polyèdre régulier?* — 147. 148. *Comment trouve-t-on le vol. d'un polyèdre irrégulier?* — 148 *bis. Comment trouve-t-on le poids d'un corps quelconque, lorsqu'on connait le vol. et la densité?* — 149. *De quelle méthode se sert-on en beaucoup d'endroits pour obtenir le vol. d'un arbre en grume.*

Problèmes sur le volume de la pyramide, du cône, de la sphère, de la pyramide tronquée, du cône tronqué et du polyèdre (nos 93, 101, 107, 98, 104).

P. 176. Quel est le volume de la pyramide, fig. 43, dont la base est un triangle ayant 14 m. de base et 12 m. 12 de hauteur ?

P. 177. Dites le volume d'une pyramide hexagonale ayant 12 m. de hauteur, si chaque côté de la base a 4 m. et l'apothème 3 m. 46 ?

P. 178. Quel est le volume d'une pyramide triangulaire dont la base a 6 m. de chaque côté, la hauteur du triangle de cette base 5 m. 19, sachant que la hauteur de cette pyramide a 18 m. ?

P. 179. Combien contient de décim. cubes une pyramide de 2 m. 25 de hauteur, si la base forme un pentagone de 1 m. 30 de chaque côté et 0 m. 90 d'apothème ?

P. 180. Quel est le volume du cône, fig. 44 ?

P. 181. Dites le volume d'un cône dont le cercle a 9 m. car. de surface, si ce cône a 12 m. de hauteur ?

P. 182. Quel est le volume d'un cône ayant 8 m. de hauteur, si le cercle a 3 m. de rayon ?

P. 183. Dites le volume d'un cône ayant 4 m. de diam. et 6 m. de hauteur ?

P. 184. Quel sera le volume d'un cône ayant 15 m. 708 de circonférence et 9 m. de hauteur ?

P. 185. Dites le volume du cône tronqué, fig. 47.

P. 186. Quel est le volume d'une sphère ayant 0 m. 60 de diam. ?

P. 187. Dites le volume d'une sphère de 3 m. 76992 de circonf. ?

P. 188. Quel sera le volume d'une boule ayant 0m. 06 de rayon ?

P. 189. Quel est le volume d'une sphère ayant 18 m. 8496 de circonf. ?

P. 190. Dites le volume de la pyramide tronquée, fig. 16.

P. 191. Quel est le volume d'une pyramide tronquée qui a 5 mèt. de hauteur et dont la base est un carré ayant 4 m. 60 de chaque côté et 3 m. à la partie tronquée ?

P. 192. Dites le volume d'une pyramide tronquée de 5 m. 40 de hauteur, si la base forme un rectangle ayant 4 m. de long, 3 m. 50 de large, et 2 m. 20 de long, 1 m. 925 de large à la partie tronquée ?

P. 193. Quel est le volume d'un cône tronqué ayant 7 m. de hauteur, si les cercles ont 6 m. et 4 m. de diam. ?

P. 194. Quel est le volume d'un cône tronqué dont les deux cercles ont 3 m. et 4 m. de rayon, si ce cône a 15 m. de hauteur ?

P. 195. Dites le volume d'un cône dont on a enlevé le sommet, si ce qui reste a 0 m. 30 de hauteur, le cercle qui sert de base 0 m. 40 de diam, et celui de la partie tronquée 0 m. 62832 de circonf. ?

P. 196 Combien a-t-on retiré de mètres cubes de terre d'un fossé, long de sept m., large dans le fond de 2 m., dans le haut de 3 m. et profond de 2m. 50 ?

P. 197. Quel est le volume d'un objet qui, plongé dans l'eau, la fait monter de 0 m. 15 dans un vase cylindrique de 0 m. 20 de diamètre ?

LEÇON XX.

Remarques sur les volumes.

* 150. Un volume est toujours le produit de plusieurs facteurs ; ainsi, lorsqu'on connaît un volume, si l'on demande un des facteurs, il faut diviser ce volume par le produit des facteurs connus. De ce principe, il arrive ce qui suit :

* 151. En extrayant la racine cubique du volume d'un cube, on obtient la longueur d'un des côtés. $V = a^3$ (n° 122), d'où l'on trouve : $a = \sqrt[3]{V}$.

* 152. En divisant le volume d'un prisme, d'un parallélipipède, d'un cylindre, par la surface de la base, on obtient la hauteur ; si l'on divise le volume de ces corps par la hauteur, on obtient la surface de la base. $V = S.\ base \times H$ (n° 130), d'où l'on trouve :

$$H = \frac{V}{S.\ base} \text{ et } S.\ base = \frac{V}{H}$$

Comme la base du cylindre est un cercle, on a : $V = \pi R^2 H$, d'où $H = \frac{V}{\pi R^2}$ et $R = \sqrt{\frac{V}{\pi H}}$

* 153. Pour le cône et la pyramide, on opère comme ci-dessus, après avoir multiplié le volume par 3. $V = \frac{S.\ base \times H}{3}$ (n°s 132-135), d'où l'on trouve : $H = \frac{3\ V}{S.\ base}$ et $S.\ base = \frac{3V}{H}$ La base du cône étant un cercle, on a $V - 1/3\ \pi R^2 H$, d'où $H = \frac{3\ V}{\pi R^2}$ et $R = \sqrt{\frac{V}{\pi H}}$

154. En divisant le triple du volume d'une

sphère par le produit de 3,1416 multiplié par 4, et extrayant la racine cubique, on obtient le rayon de cette sphère. V = 4/3 π R³ (n° 138), d'où

l'on a : $R = \sqrt[3]{\frac{3V}{4\pi}}$

Questionnaire sur la leçon XX.

150. *Quelles opérations d'arithmétique faut-il faire pour obtenir le volume des corps ?* — 151. *Que fait-on pour trouver le côté d'un cube dont on connaît le volume ?* — 152. *Comment trouve-t-on la hauteur d'un prisme, d'un parallélipipède, et d'un cylindre, quand on connaît le volume et la surface de la base ?* — 152 *Comment en trouve-t-on la surface de la base, lorsqu'on connaît le volume et la hauteur ?* — 153 *Mêmes questions que les nos 152 pour le cône et la pyramide ?* — 154. *Comment trouve-t-on le rayon d'une sphère dont on connaît le volume ?*

Problèmes divers sur les volumes.

* P. 198. Quelles sont les dimensions d'un cube qui a 35937 m cubes ?

* P. 199. Un cube a 314 m. 432 de volume, quelle est la longueur de chaque côté ?

* P. 200. Quelle est la hauteur d'un parallélipipède qui contient 144 m. cubes, si la largeur est 8 m. et la longueur 6 m. ?

* P. 201. Quel est le diam. d'un cylindre qui a 150 m. 7968 de volume, et 3 m. de hauteur ?

* P. 202. Quelle est la circonf. d'un cône qui a 339 m. 2928 de volume, s'il a 9 m. de hauteur ?

* P. 203. Dites le rayon d'une sphère qui a 901 m. cubes 7808 de volume ?

* P. 204. Dites le diam. d'une sphère qui a 11494 m. cubes 0672 de volume ?

* P. 205. Quelle est la largeur d'un parallélipipède

dont la longueur est 8 m., la hauteur 4 m. et le volume 96 m. cubes?

* P. 206. Un cylindre contient un poids d'eau de 30 k. 787 gr. 68, ce cylindre a 0 m. 07 de rayon, quelle en est la hauteur?

*P. 207. Quel est le diam. d'un cône dont le volume est de 15393840 millim. cubes, sachant que la hauteur est de 3 m.

Problèmes de récapitulation sur les surfaces et les volumes.

P. 208. Quelle est la surface d'une pièce de terre en forme de trapèze ayant 175 m. d'un côté, 90 décam. de l'autre, et 72 décam. de largeur perpendiculaire ?

P. 209. Quelle est la surface des quatre murs d'un appartement, long de 7 m. 50, large de 5 m. 20, haut de 3 m. 40 ?

P. 210. Quelle est la surface du plafond de cet appartement.

P. 211. Combien faudra-t-il de pavés de 0 m. 15 de chaque côté, y compris les joints, pour paver cet appartement ?

P. 212. Quelle est la surface d'un cône en y joignant celle du cercle, si ce cône a 0 m. 72 de diam. et 2 m. de côté ?

P. 213. Dites la superficie d'une porte cochère composée de deux parties : un rectangle et un demi cercle ; le rectangle a 2 m. 80 de largeur et 3 m. de hauteur.

P. 214. Quelle est la surface latérale d'une pyramide ayant 7 côtés, si chaque côté a 4 m. de base et 9 m. de hauteur sur chaque face ?

P. 215. Combien faudra-t-il payer pour la maçonnerie d'un puits ayant 1 m. 80 de diam. et 12 m. de profondeur, à raison de 16 fr. le m. car., main d'œuvre et matériaux compris ?

P. 216. Quelle sera la surface latérale d'un cône ayant 0 m. 30 de rayon et 1 m. 20 de côté ?

P. 217. Quelle sera la surface latérale d'une pyramide hexagonale ayant 1 m. 20 de chaque côté, et 8 m. de hauteur sur chaque face ?

P. 218. Combien paiera-t-on pour la construction d'un bassin ayant 8 m. de diam. et 4 m. de hauteur, à raison de 14 fr. le m. car., main d'œuvre et fournitures comprises ?

P. 219. Quelle est la surface d'une orange parfaitement ronde ayant 0 m. 04 de diam. ?

P. 220. Quelle est la superficie des six faces d'un parallélipipède long de 4 m. 25, large de 1 m. 60, et haut de 2 m. 30 ?

P. 221. Combien faudra-t-il payer pour une cuve haute de 0 m. 75, dont le diam. dans le bas a 0 m. 80, et dans le haut 1 m. 20, à raison de 9 fr. le m. car. ?

P. 222. Si l'are se vend 18 fr. 25, combien paiera-t-on pour une pièce de terre de forme carrée, ayant 17 décam. 5 centim. de chaque côté ?

P. 223. Quelle est la surface latérale d'une pyramide pentagonale, ayant 7 m. 30 de chaque côté et 9 m. 70 de hauteur sur chaque face ?

P. 224. Combien faudra-t-il de planches de 0 m. 25 de largeur pour entourer un jardin de forme carrée, ayant 34 m. 80 de chaque côté ?

P. 225. Quelle est la surface d'un cylindre, en y joignant celle des deux cercles, si ce cylindre a 4 m. 7124 de circonférence et 4 m. de hauteur ?

P. 226. Dites la superficie des trois faces d'un prisme ayant 12 m. de long et 3 m. 95 de large sur chaque face ?

P. 227. Quelle est la surface d'un cône tronqué, en y joignant celle des deux cercles, si le côté est 7 m., le diam. de la base 1 m. 80, et le diam. de la partie tronquée 1 m. 40 ?

P. 228. Quelle est la surface latérale d'une pyramide hexagonale tronquée ayant 3 m. 40 de chaque côté à la base, 2 m. 60 à la partie tronquée, et 5 m. de hauteur latérale ?

P. 229. — Quelle est la surface de la partie convexe d'une demi-sphère qui a 4 m. 20 de rayon ?

P. 230. Une carafe vide pèse 0 kilog. 87, et pleine d'eau, son poids est de 3 kilog. 45 ; quelle est sa capacité ?

P. 231. Combien contient de m. cubes un monceau de cailloux en forme de parallélipipède ayant 8 m. de long, 4 m. 25 de large et 1 m. 20 de hauteur ?

P. 232. Un corps a perdu 2 kilog. 40 de son poids dans l'eau, sa densité est de 7,5 ; quel est son poids hors de l'eau ?

P. 233. Quel est le volume d'un cylindre ayant 9 m. de hauteur, si le cercle qui sert de base a 34 m. de surface ?

P. 234. Combien contient d'eau un bassin

de forme circulaire ayant 3 m. de diamètre et 4 m. 20 de hauteur ?

P. 235. Combien faut-il de tombereaux de fumier pour fumer une pièce de terre de la forme d'un trapèze, ayant pour côtés 274 m. et 290 m. et pour hauteur 158 m., si le tombereau dont on veut se servir a 2 m. de long, 0 m. 95 de large et 0 m. 80 de hauteur, sachant qu'il faut 18 m. cubes de fumier par hectare ?

P. 236. Dites quel sera le volume d'un cône ayant 18 m. de diamètre et 43 m. de hauteur ?

P. 237. Dites le volume d'un boulet de canon ayant 0 m. 12 de diamètre ?

P. 238. Combien est-il entré de mètres cubes de bois dans la charpente d'une maison, sachant qu'il y a 42 pièces ayant chacune 4 m. 25 de long, 0 m. 15 de haut et 0 m. 20 de large ; et 9 autres pièces ayant 6 m. 40 de long, 0 m. 30 de large et 0 m. 40 de haut ?

P. 239. On a pesé un corps dans l'air et dans l'eau : son poids dans l'air est de 18 kilog., et dans l'eau de 15 kilog. 60. Quelle est sa densité ?

P. 240. Quel sera la capacité d'un cylindre ayant 0 m. 80 de diamètre et 1 m 20 de hauteur ?

P. 241. Quel sera le volume d'une sphère de 0 m. 80 de rayon ?

P. 242. Combien peut contenir d'hectolitres une citerne de forme rectangulaire, ayant 4 m. 25 de long, 3 m. de large et 4 m. 60 de haut ?

P. 243. Combien paiera-t-on pour la construction d'un mur long de 13 m. 60, haut de 2 m. 50 et épais de 0 m. 45, à raison de 12 fr. le mètre cube?

P. 244. Quel sera le volume d'un prisme triangulaire ayant 7 m. 25 de long, si les triangles des bases ont 0 m. 50 de long sur 0 m. 48 de haut?

P. 245. Combien contient de litres une cuve dont les deux diamètres sont 0 m. 80 et 0 m. 60 et la hauteur 0 m. 50?

P. 246. Combien contient d'hectolitres une voiture ayant la forme d'un parallélipipède, si cette voiture a 2 m. 50 de long, 1 m. 40 de large et 1 m. 10 de haut?

P. 247. Quel est le volume d'une pyramide ayant 179 m. carrés de base et 14 m. de hauteur?

P. 248. Combien contient de décim. cubes une pièce de bois ayant la forme d'un cône tronqué, si cette pièce a 7 m. de longueur, 0 m. 20 de diamètre à un bout et 0 m. 40 à l'autre bout?

P. 249. Combien contient de litres une mesure qui a 0 m. 60 de haut et 0 m. 50 de diamètre?

P. 250. Quel sera le volume d'une pyramide quadrangulaire tronquée ayant à la base, de chaque côté, 5 m., à la partie tronquée 4 m. et pour hauteur 2 m. 70?

P. 251. Combien dans une mesure de 0 m. 70 de haut et de 3 m. 1416 de circonférence, peut-il y avoir de fois le volume d'un autre corps de 0 m. 20 de haut et de 0 m. 10 de diamètre ?

P. 252. Quel serait le volume d'un prisme hexagonal de 5 m. 80 de hauteur, si chaque côté de la base avait 6 m. et l'apothème 5 m. 19 ?

P. 253. Quelle est la surface intérieure des quatre murs d'un appartement long de 7 m., large de 4 m. 50 et haut de 3 m ?

P. 254. Quelle est la surface du plafond de cet appartement ?

P. 255. Combien faudra-t-il de litres d'avoine pour ensemencer un champ formant un polygone irrégulier se décomposant en un trapèze et un triangle : le trapèze a pour côtés 82 m. et 110 m., et pour hauteur 64 m. ; le triangle a pour base le petit côté du trapèze et pour hauteur 38 m.; sachant que l'on emploie 8 doubles décalitres 15 litres par hectare ?

P. 256. Combien faut-il de planches longues de 2 m., larges de 0 m. 35, pour entourer une propriété longue de 145 m., large de 115 m., si d'une planche on en fait deux ?

P. 257. Combien paiera-t-on à un peintre pour avoir mis en couleur les quatre murs et le plafond d'un appartement long de 7 m. 50, large de 5 m. 25 et haut de 3 m. 40, à raison de 2 fr. 25 le mètre carré ; mais on déduit 6 fenêtres dont 2 ont 1 m. 10 de largeur et 1 m. 30 de hauteur, les autres ont 1 m. 40 de hauteur et 1 m. 20 de largeur ?

P. 258. Quelle est la superficie des faces d'un cube dont les côtés ont 0 m. 28 de long?

P. 259. On demande combien il faudra de rouleaux de papier, longs de 8 mètres, larges de 0 m. 50, pour lambrisser un appartement long de 6 m., large de 4 m. 35, haut de 3 m.; sachant qu'il s'y trouve 4 fenêtres, larges chacune de 1 m. 30 et hautes de 1 m. 90, et une porte haute de 2 m. 80 et large de 1 m. 40, qui ne seront point tapissées, et que l'on perd un dixième du papier pour les raccords?

P. 260. Dites combien pèserait l'eau contenue dans un cylindre ayant 0 m. 30 de diamètre et 3 m. de hauteur?

P. 261 Un cheval qui fait 10 fois le tour d'un manège par minute, s'est arrêté au bout de 12 minutes, ayant ainsi parcouru une distance de 4523 m. 904. On demande le rayon du manège.

P. 262. Combien faudra-t-il de tuiles pour couvrir un bâtiment dont le toit a 6 m. 30 de long et 4 m. 20 de chaque côté du bâtiment, si chaque tuile a 0 m. 21 de long sur 0 m. 13 de large, et qu'elle perde 0 m. 14 de sa longueur par le recouvrement?

P. 263. Combien faudra-t-il payer pour la couverture d'un clocher ayant la forme d'un cône de 3 m. de rayon et de 12 m. de côté; sachant que les ardoises dont on se servira ont 0 m. 32 de long, sur 0 m. 22 de large, qu'elles perdent 0 m. 23 sur la longueur par le recouvrement, qu'elles coûtent 55 fr. le mille et que l'on paie à l'ouvrier 0 fr. 50 par mètre carré ?

* P. 264. Quelle est la base d'un triangle qui a 2 hect. 3 ares 06 cent. de surface et 286 m. de hauteur?

P. 265. Combien contient d'hectolitres une citerne qui a 6 m. de diamètre et 5 m. de hauteur ?

* P. 266. Combien paiera-t-on à un maçon qui a construit un mur ayant 2 m. 30 de hauteur, à raison de 3 fr. 40 le mètre carré, sachant que ce mur a 0 m. 40 d'épaisseur, qu'il entoure une propriété parfaitement carrée contenant 51 ares 84 cent., et que le maçon mesure extérieurement?

* P. 267. Combien paiera-t-on à un peintre qui a mis en couleur les quatre murs d'un appartement ayant 2 m. 40 de hauteur, à raison de 0 fr. 70 le mètre carré ; cet appartement est carré et contient 53 m. carrés 29 de surface ?

* P. 268. Quel sera le côté d'un cône dont la surface latérale est 141 m. carrés 3720 et la surface du cercle 28 m. car. 2744 cent. car. ?

* P. 269. Un rectangle contient 19 hectares 04 ares 04 cent., un de ses côtés a 86 décam. : quelle est la longueur de l'autre côté?

* P. 270. Une citerne de forme rectangulaire a pour surface intérieure des deux longs côtés 96 m. car., et pour celle des petits côtés 72 m. car., la hauteur est 6 m. : quelle est la longueur et la largeur des côtés ?

* P. 271. On veut peindre les côtés et le plafond d'une salle carrée dont l'aire a 81 m. car.; combien faudra-t-il payer pour ce travail, si les murs ont 3 m. 50 de hauteur et que l'on paie 1 fr. 10 le mètre carré pour le plafond et 0 fr. 90 pour les côtés?

P. 272. Combien contient de décim. cubes le mât d'un navire qui a 9 m. de hauteur, 0 m. 50 de diam. à la base et 0 m. 20 dans le haut?

P. 273. Nommez les volumes compris dans toutes les mesures effectives de capacité, depuis le centilitre jusqu'à l'hectolitre.

P. 274. Quel volume d'eau égalerait chacun des poids effectifs, depuis le centigramme jusqu'au poids de 5 kilogrammes?

P. 275. Combien paiera-t-on à un menuisier pour le lambris d'une salle longue de 4 m. 20, large de 3 m. 20 et haute de 3 m. 40, si le lambris s'élève à 0 m. 90 et qu'on paie 3 fr. 40 par mètre carré?

* P. 276. Trois particuliers ont une pièce de terre à se partager : cette pièce a la forme d'un rectangle et contient 4 hect. 20 ares 20 cent.; les titres de propriété donnent : au premier, 1 hect. 92 ares, au deuxième, 2 hect. 03 ares, et au troisième, 75 ares; quelles seront la part et la largeur que chaque copartageant devra avoir si la longueur de la pièce est de 382 m.

* P. 277. Quelle sera la longueur totale des côtés d'un carré ayant 625 m. de surface?

P. 278. Quelle est la densité d'un corps dont

le poids est de 12 kilog. 5664 et qui, plongé dans un vase cylindrique de 2 décim. de rayon, a fait monter l'eau de 2 centim.

P. 279. Une pièce de terre en forme de rectangle contient 19 hect. 46 ares 88 cent.; la largeur est 312 mètres, quelle est la longueur ?

* P. 280. Un trapèze contient 512 m. car., les longueurs parallèles sont 38 m. et 36 m. ; quelle en est la largeur perpendiculaire?

* P. 281. Quel est le rayon d'un cercle dont la surface est de 50 m. car. 2656 de surface ?

* P. 282. Quelle est la circonférence d'un cercle dont la surface est de 254 m. car. 4696 ?

* P. 283. Quel est le rayon d'une sphère de 113 m. cubes 097600 cent. cubes ?

P. 284. La surface d'une salle est de 20 m. car. 70 décim., la longueur est 6 m.: quelle en est la largeur ?

* P. 285. Quelle est la base d'un triangle dont la surface est 29 m. car. 60 et la hauteur 6 m. 40 ?

* P. 286. Quel est le côté d'un cône dont la surface latérale est 56 m. 5488, sachant que le diamètre de la base a 4 m. ?

* P. 287. Une sphère a 113 m. 0976 de surface ; quel en est le diamètre ?

* P. 288. On veut construire une citerne ronde qui contienne 226 hectol. 62 l.; cette citerne devra avoir 2 m. 40 de diamètre ; quelle en sera la hauteur ?

P. 289. Quel est le volume de la partie enlevée d'un cône tronqué, si les deux diamètres de ce qui reste sont 3 m. et 4 m., et la hauteur 5 m ?

P. 290. Combien faudra-t-il payer, à raison de 15 fr. le mètre cube, pour la construction d'une citerne qui a 2 m. de diamètre intérieurement, si le mur a 0 m. 40 d'épaisseur et 4 m. de hauteur dans l'intérieur, sachant que le fond a aussi 0 m. 40 d'épaisseur ?

* P. 291. Un trapèze, dont la différence des deux côtés est de 52 m., a 60 m. de largeur ; il contient 54 ares 80 cent. et doit être partagé entre deux personnes dont la première aura 20 ares 30 cent. et la seconde 44 ares 50 cent. ; on demande quels seront les points de division sur les deux longueurs de ce trapèze ?

* P. 292. On demande la circonférence d'une sphère qui a 65 m. cubes 450 décim. cubes ?

* P. 293. Quelle est la hauteur d'un cône tronqué qui a 193 m. cubes 732, si le diam. de la base est 8 m. et le rayon de la partie enlevée 3 m. ?

* P. 294. A quelle hauteur s'élèvera dans un cylindre de 0 m. 07 de rayon l'eau qui égalera le poids de 748 pièces d'argent de 5 fr., sachant que 1 fr. pèse 5 grammes ?

P. 295. Faire le devis estimatif des travaux de maçonnerie pour la construction d'un bâtiment comme suit : 1° Fouilles pour les fondations des murs, 22 m. de long, 0 m. 70 de large, et 1 m. de profondeur, et pour les fondations d'un refend, 3 m. 60 de long, 0 m. 50 de large et 0 m. 70 de profondeur, lesquelles fouilles à 0 fr. 75 le m. cube. 2° Fondation en maçonnerie de bloc et mortier de chaux et sable à 9 fr. le m. cube. 3° Socle en briques et mortier avec joints à l'extérieur en ciment et enduit de plâtre en dedans, 22 m. de long, 0 m 38 de large, 0 m. 80 de haut ; à déduire 3 portes ayant chacune 1 m. 20 de large, lequel socle à 29 fr. le m, cube. 4° Façade en briques jointoyées en dehors et enduites de plâtre en dedans 6 m. de long, 0 m. 34 d'épaisseur et 6 m. de haut, à déduire 6 ouvertures ayant chacune 1 m. 20 de large, 1 m. 40 de haut, laquelle façade à 28 fr. le m. cube. 5° Faces des trois autres côtés en maçonnerie de bloc et briques avec enduit en plâtre en dedans 15 m. 32 de long, 0 m. 34 d'épaisseur. 6 m. de haut, à 2 fr. 75 le m. car. 6° Un refend en briques à champ, enduit des deux côtés sur lattis, 4 m. 32 de long, 3 m. 20 de haut, à déduire une porte de 1 m. 20 de large et 2 m. 40 de haut, à 4 fr. 25 le m. carré.

* P. 296. On a un creuset en forme de cône tronqué dont le fond a 0 m. 03 de diam., l'ouverture 0 m. 06 et la hauteur 0 m. 09 ; on y fait fondre une certaine quantité de métal dont on veut faire une sphère. Quel doit être le rayon du moule de cette sphère, sachant que le métal fondu remplit entièrement le creuset ?

* P. 297. Un moule à pain de sucre a pour ouverture un cercle de 0 m. 18 de diam. ; quelle doit en être la profondeur pour que le

pain de sucre pèse 9 kilog., sachant que la densité du sucre est de 1, 60 ?

* 298. On demande le poids d'un cristal de chaux carbonatée ayant la forme d'un prisme hexagonale. Chaque côté de ce prisme a 0 m. 0045, l'apothème, 0 m. 00389, et la hauteur est sextuple du côté, sachant que la densité est de 2,70.

* P. 299. Combien fera-t-on de pièces de 5 fr. avec un lingot d'argent qui a 8 centim. de rayon et 20 centim. de hauteur, sachant qu'on doit y ajouter comme le prescrit la loi, 1/10 d'alliage du poids des pièces, la densité de l'argent étant 11,494 et les pièces de 5 fr. pesant 25 grammes ?

* P. 300. Quelle est la hauteur d'une pyramide rectangulaire tronquée ayant pour côtés à la base 4 m. et 3 m. et à la partie tronquée 2 m. et 1 m. 50, si le volume est de 28 m. cubes ?

MEMENTO.

Formules employées dans cet ouvrage pour la mesure des lignes, des surfaces et des volumes.

LIGNES.

1. Circonférence : $C = 2\pi R$, d'où :

$$1^o\ R = \frac{C}{2\pi} \text{ et } 2^o\ 2\,R \text{ ou } D = \frac{C}{\pi}$$

SURFACES.

2. Carré : $S = a^2$, d'où $a = \sqrt{S}$

3. Rectangle : $S = a\,b$, d'où 1° $a = \frac{S}{b}$ et 2° $b = \frac{S}{a}$

4. Parallélogramme et losange : $S = a\,h$, d'où

$$1° \; a = \frac{S}{h} \text{ et } 2° \; h = \frac{S}{a}$$

5. Triangle : $S = \frac{a\,h}{2}$, d'où 1° $a = \frac{2\,S}{h}$

et 2° $h = \frac{2\,S}{a}$

6. Trapèze : $S = \left(\frac{a + b}{2}\right) h$, d'où 1° $h = \frac{2\,S}{a + b}$;

2° $\frac{a + b}{2} = \frac{S}{h}$; 3° $a = \frac{2\,S}{h} - b$; 4° $b = \frac{2\,S}{h} - a$

7. Polygone régulier : $S = \frac{P\,A}{2}$, d'où 1° $P = \frac{2\,S}{A}$

$$\text{et } 2° \; A = \frac{2\,S}{P}$$

8. Cercle : $S = \pi\,R^2$, d'où $R = \sqrt{\frac{S}{\pi}}$.

$$\text{On dit encore : } S = C\,\frac{R}{2}$$

9. Cube : $S = 6\,a^2$, d'où $a = \sqrt{\frac{S}{6}}$

10. Parallélipipède et prisme : $S = PH$, d'où

$$1^o\ P = \frac{S}{H} \text{ et } 2^o\ H = \frac{S}{P}$$

11. Cylindre : $S = 2\pi R H$, d'où $1^o\ H = \frac{S}{2\pi R}$

$$\text{et } 2^o\ R = \frac{S}{2\pi H}$$

12. Pyramide : $S = \frac{Ph}{2}$, d'où $1^o\ P = \frac{2S}{h}$ et $2^o\ h = \frac{2S}{P}$

13. Pyramide tronquée : $S = \left(\frac{P+p}{2}\right) h$, d'où

$$h = \frac{2S}{P+p}$$

14. Cône droit : $S = \frac{2\pi R a}{2}$ ou, plus simplement,

$$S = \pi R a, \text{ d'où } 1^o\ a = \frac{S}{\pi R} \text{ et } 2^o\ R = \frac{S}{\pi a}$$

15. Cône tronqué : $S = \left(\frac{2\pi R + 2\pi r}{2}\right) a$, ou, plus simplement, $S = \pi a (R + r)$, d'où

$$1^o\ a = \frac{S}{\pi (R+r)} \text{ et } 2^o\ R = \frac{S}{\pi a} - r.$$

16. Sphère : $S = 4\pi R^2$, d'où $R = \sqrt{\frac{S}{4\pi}}$

VOLUMES.

17. Cube : $V = a^3$, d'où $a = \sqrt[3]{V}$

18. Parallélipipède et prisme : $V = S.\ base \times H$, d'où 1° $H = \frac{V}{S.\ base}$ et 2° $S.\ base = \frac{V}{H}$

19. Cylindre : $V = \pi R^2 H$, d'où 1° $R = \sqrt{\frac{V}{\pi H}}$ et 2° $H = \frac{V}{\pi R^2}$

20. Pyramide droite : $V = \frac{S.\ base \times H}{3}$, d'où 1° $S.\ base = \frac{3\ V}{H}$ et 2° $H = \frac{3\ V}{S.\ base}$

21. Cône droit : $V = 1/3\ \pi R^2 H$, d'où 1° $H = \frac{3\ V}{\pi R^2}$ et 2° $R = \sqrt{\frac{3\ V}{\pi H}}$

22. Sphère : $V = 4/3\ \pi R^3$, d'où $R = \sqrt[3]{\frac{3\ V}{4\ \pi}}$

23. Pyramide tronquée parallèlement à sa base : hauteur de la partie enlevée ou h = $A - a : H . : a : h$. $V = \frac{B\ (H + h)}{3} - \frac{bh}{3}$

ou $V = \frac{[B + b + (\sqrt{Bb})]\ H}{3}$ d'où $H = \frac{3\ V}{B + b + (\sqrt{Bb})}$

24. Cône tronqué parallèlement à sa base : $V = 1/3 \pi H\ (R^2 + r^2 + Rr)$, d'où $H = \frac{3\ V}{\pi(R^2 + r^2 + Rr)}$

25. Poids : $P = V\ D$, d'où 1° $V = \frac{P}{D}$ et 2° $D\ \frac{P}{V}$

TABLE.

Rouen. — Imp. E. CAGNIARD, rues de l'Impératrice, 88, et des Basnage, 5.

www.ingramcontent.com/pod-product-compliance
Lightning Source LLC
LaVergne TN
LVHW012025220826
846092LV00001B/499

* 9 7 8 2 3 2 9 5 6 1 6 1 5 *